콘크리트 실무 매뉴얼 KCI PM203.1-10

해양 콘크리트의 염해 내구성 및 설계

특수환경콘크리트위원회

사단법인 한국콘크리트학회 Korea Concrete Institute

발간사

우리 학회가 창립된 지가 벌써 20년이 넘게 지났습니다. 그동안 우리 학회는 모든 분야에서 창립 때보다는 크게 성장하였습니다. 저술 분야에 있어서도 초창기에 학회지, 논문집 및 Newsletter 발간을 시작으로, 그 후 여러 단행본에 이르기까지 콘크리트 관련 책자들을 출판하였습니다. 이와 더불어 연구 활동도 크게 신장되어 40개의 연구전문위원회에 의해 토론, 연구가 활발히 진행되고 있으며, 콘크리트 관련 연구도 다수 수행하여 많은 연구 보고서가 출판되었습니다.

학회 이사회에서는 지난 2009년 학회 창립 20주년을 계기로 이러한 학회의 연구활동과 저술활동을 체계적으로 추진하고, 보다 근본적인 우리만의 연구 내용을 담기 위하여 '콘크리트실무지침편찬특별위원회'를 구성하기로 하였습니다. 이 특별위원회가 기획하고 지난 2년 동안 해당 연구전문위원회가 노력하여 오늘 이와 같은 5종의 실무 매뉴얼을 최초로 출판하게 되었습니다. 우리 학회가 참조로 한 것은 ACI 각 연구전문위원회가 준비하여 출판하는 6권의 ACI Manual of Concrete Practice로서 우리 학회도 앞으로 각 연구전문위원회가 활동하여 얻은 연구 결과들을 한데 묶어 이러한 책자를 발간하고자 하는 것입니다. 따라서 이번에 5종의 실무 매뉴얼이 출판됩니다만 이것이 마지막이 아니고 시작일 뿐입니다. 그리고 한번 출판된 실무 매뉴얼들도 각 해당 연구전문위원회에서 계속적으로 수정, 보완하는 방법으로 개정할 것입니다.

끝으로 지난 2년 동안 어려운 여건 속에서도 열심히 노력하시어 우리 학회 최초로 실무 매뉴얼을 준비하여 주신 특수환경콘크리트위원회(위원장 장봉석), 매스콘크리트위원회(위원장 차수원), 고성능콘크리트위원회(위원장 고경택), 균열위원회(위원장 김윤용), 콘크리트시공기술위원회(위원장 김순환) 등 각 매뉴얼 작성 위원장님과 위원님들에게 깊은 감사의 말씀을 드립니다. 그리고 이러한 뜻깊은 일을 더욱 뜻깊게 하기 위하여 실무 매뉴얼 발간 사업은 회원 여러분의 기부금으로 이루어졌기에 도와주신 회원 여러분에게도 이 기회를 빌려 감사드립니다. 마지막으로 오늘 이 작은 출발이 10년, 20년 후에 우리나라 콘크리트 분야 발전에 큰 계기가 될 수 있기를 바랍니다.

2010. 12

사단법인 한국콘크리트학회

실무지침편찬특별위원회 위원장 김 상 식

학 회 회 장 (11대) 김 진 근

머리말

세계적으로 콘크리트의 내구성에 대한 연구 역사는 채 50년이 되지 않았으며, 우리나라에서도 콘크리트 내구성에 대한 관심과 연구가 시작된 지 약 20여 년이 되었습니다. 특히 콘크리트 내구성에 대한 주요 관심사는 해양환경과 제빙 화학제에 의한 염해가 많은 부분을 차지한 것 또한 사실입니다. 그 동안 수많은 연구자들이 콘크리트 내구성에 대한 많은 연구 성과를 발표해 왔음에도 불구하고 현장의 실무자들이 쉽게 참고할 수 있는, 체계적으로 정리된 매뉴얼이 없는 것 또한 우리의 현실이었습니다. 이에 한국콘크리트학회 특수환경콘크리트위원회(KCI-203)에서는 현장의 목소리에 귀 기울여 실무자들이 참고할 수 있는 '해양 콘크리트의 염해 내구성 및 설계' 매뉴얼을 집필하게 되었습니다.

본 매뉴얼에서는 해양환경 콘크리트의 내구성에 대한 기본적인 메커니즘에 대한 설명과 염해환경 콘크리트 구조물의 내구성 설계방법과 절차를 설명하였으며, 실제 최신의 염해내구성 설계방법이 적용된 국내외 사례를 포함하였습니다. 또한 그 동안 한국콘크리트학회에서 발간된 학회지와 논문집에 실렸던 콘크리트의 염해 내구성에 대한 논문, 기술기사, 논단 등을 부록으로 첨부하여, 현장의 기술자와 관련 연구자들이 한 번에 관련 자료를 참고할 수 있도록 하였습니다.

많은 기술자들의 기대에 부응할 수 있을지에 대한 의구심을 가진 채 금번 매뉴얼을 출간하게 됨을 널리 헤아려 주시고, 수정사항이나 개선해야 할 점들을 기탄없이 알려주시면 머지않은 시기에 지금보다 실무자들에게 더 가까이 갈 수 있는 매뉴얼로 개정하도록 하겠습니다.

그 동안 집필에 힘써 주신 성균관대학교 이광명 교수님, 안동대학교 배수호 교수님, 한국도로공사 정해문 박사님, 한국철도기술연구원 장승엽 박사님과 집필에 필요한 자료와 조언을 아끼지 않은 우리 특수환경콘크리트위원회 모든 위원님들께 감사의 말씀을 드립니다. 또한 총 5편의 실무 매뉴얼 집필 총괄을 맡으시어 처음부터 끝까지 교정을 해주시고 고견을 주신 김상식 전 학회장님께도 마음 깊은 감사를 드립니다.

우리나라 콘크리트 기술력 향상에 작은 보탬이 되기를 간절히 기원하는 특수환경콘크리트위원회의 뜻을 모아…

2010년 12월

특수환경콘크리트위원회(KCI-203) 위원장 장 봉 석

집필위원

집필책임자	장봉석(K-water)
집 필 위 원	이광명(성균관대학교), 배수호(안동대학교), 정해문(한국도로공사), 장승엽(한국철도기술연구원)

검토위원

검 토 위 원	김성수(대진대학교), 김진철(한국도로공사), 김은겸(서울과학기술대학교)

심의위원

위 원 장	김 우(전남대학교)
위 원	김상식(인하대학교), 박홍근(서울대학교), 변근주(연세대학교), 양주경(청운대학교), 연규석(강원원주대학교), 이재훈(영남대학교), 이차돈(중앙대학교), 정영수(중앙대학교)

기획 / 실무지침편찬특별위원회

위 원 장	김상식(인하대학교)
간 사	이차돈(중앙대학교)
위 원	김상철(한서대학교), 박홍근(서울대학교), 신현목(성균관대학교), 이광명(성균관대학교), 이재훈(영남대학교), 최동욱(한경대학교)

차 례

발간사 · 3
머리말 · 5

01 장 서 론

02 장 철근 부식 메커니즘 및 염해에 의한 성능 저하

2.1 철근 부식에 의한 콘크리트의 손상 · 13

2.2 염화물에 의한 철근 부식 메커니즘 · 14
- 2.2.1 염소 이온과 부식 반응 · 14
- 2.2.2 부식 메커니즘 · 16
- 2.2.3 철의 전위와 pH 관계 · 19
- 2.2.4 양극 분극 곡선 · 20

2.3 염해에 의한 성능 저하 메커니즘 · 22
- 2.3.1 콘크리트 내부로의 염화물 침투 · 22
- 2.3.2 염화물 침투에 의한 부식 개시와 내구 수명 · 24
- 2.3.3 염화물 침투에 의한 콘크리트 열화의 평가 및 예측 · 25
- 2.3.4 국내 염해 피해 실태 · 27

03 장 해양 콘크리트 염해 내구성 설계 규정

3.1 내구성 설계 개념 • 33

3.2 국내 내구성 설계 규정 • 34

3.2.1 국내 염해 관련 내구성 설계 규정 현황 • 34
3.2.2 콘크리트 구조설계기준(2007) • 34
3.2.3 콘크리트 표준시방서 해양 콘크리트 편(2009) • 37
3.2.4 콘크리트 표준시방서 내구성 편(2004) • 38

3.3 국외 내구성 설계 규정 • 40

3.3.1 국외 염해 관련 내구성 설계 규정 현황 • 40
3.3.2 일본 • 40
3.3.3 유럽 • 42
3.3.4 미국 • 48

04 장 확률론적 염해 내구성 설계 기법

4.1 내구성 설계 개요 • 55

4.2 확률론적 염해 내구성 해석 및 설계 절차 • 56

4.2.1 목표 내구 수명과 파괴 확률 • 56
4.2.2 한계상태 방정식과 해석 모델 • 58
4.2.3 파괴 확률 또는 신뢰도 지수의 산정 • 64

4.3 내구성 설계 절차 및 설계 확률 변수 • 68

4.4 표면 염소 이온 농도 • 69

4.4.1 측정 방법 • 69
4.4.2 표면 염소 이온 농도의 범위와 확률 분포 • 70

4.5 부식 임계 염소 이온 농도 • 73

4.5.1 측정 방법 • 73
4.5.2 부식 임계 염소 이온 농도의 범위와 확률 분포 • 75

4.6 염소 이온 확산계수와 영향계수 • 80

4.6.1 확산계수 측정 방법 • 80
4.6.2 확산계수 및 영향계수의 범위와 확률 분포 • 85

05 장 국내외 내구성 설계 적용 사례

5.1 인천대교 · 91
5.1.1 공사 개요 · 91
5.1.2 내구성 설계 개요 · 93

5.2 부산-거제 간 연결 도로 콘크리트 구조물 · 95
5.2.1 공사 개요 · 95
5.2.2 내구성 설계 개요 · 96

5.3 일본 츄부(中部) 국제공항 연락 철도교 · 99
5.3.1 공사 개요 · 99
5.3.2 내구성 설계 개요 · 100

5.4 Western Scheldt Tunnel · 103
5.4.1 공사 개요 · 103
5.4.2 내구성 설계 개요 · 104

5.5 Confederation Bridge · 108
5.5.1 교량 개요 · 108
5.5.2 교량 구조의 구조 설계 및 내구성 설계 개요 · 108
5.5.3 사용된 콘크리트의 재료와 배합 · 109

06 장 염해 내구성 설계 예제

6.1 개요 · 111

6.2 염해 내구성 설계 예제 · 111
6.2.1 현행 콘크리트 구조설계기준(2007) 및 콘크리트 표준시방서(2009)에 의한 설계 · 111
6.2.2 확률론적 염해 내구성 설계 · 112
6.2.3 비교 분석 · 117

참고문헌 · 119

부록 · 127

01 장

서 론

건설 재료 가운데 가장 큰 비중을 차지하는 콘크리트는 내구성이 우수하여 반영구적인 구조물의 축조에 적용되어 왔다. 그러나 콘크리트 구조물이 오랜 기간 동안 공기 중의 이산화탄소 등에 노출되어 콘크리트가 탄산화되거나, 겨울철에 눈이나 얼음을 녹일 목적으로 사용되는 제빙 화학제 및 해양 환경하에서는 염화물의 침투, 확산에 의하여 콘크리트 속에 묻힌 철근이나 PS 강재는 부식하게 된다. 또한 철근의 부식으로 인하여 발생되는 체적 팽창압에 의하여 콘크리트의 균열 및 박리가 발생하며, 심할 경우 철근 콘크리트 구조물은 붕괴하게 된다.

이러한 현상은 특수한 환경 조건, 즉 기후 조건이 좋지 않은 한랭지일 경우, 동결 융해와의 상승 작용 및 건조와 습윤의 반복 작용 등을 받게 되면 훨씬 더 빠른 진행 속도로 콘크리트의 내구성이 저하된다. 또한 최근 양질의 하천 골재 고갈로 인하여 콘크리트용 골재로 상당량의 바다 모래를 사용하게 되었으며, 염화물을 충분히 제거하지 않은 바다 모래를 그대로 사용함으로써 철근 콘크리트 구조물의 내구성이 크게 저하될 뿐만 아니라 피복 두께 부족과 같은 현상이 겹치면서 철근 부식으로 인하여 콘크리트 구조물의 성능이 크게 저하되는 중요한 요인이 되고 있다. 결과적으로 콘크리트 구조물의 조기 성능 저하는 국가 경제에 막대한 손실을 끼치게 된다. 즉, 신설 콘크리트 구조물의 건설 비용이 막대하며 보수, 보강이나 우회도로의 건설 및 유지 관리 등에 많은 비용이 소요되는 것은 주지의 사실이며 여러 사례를 통하여 경험한 바 있다.

이러한 내구 수명 저하의 주요 요인 중에서 해양 콘크리트에서의 염해는 해양 환경이라는 비교적 제한된 지역에 국한된 문제라고 할 수 있으나, 제대로 대책을 세우지 못할 경우 공용수명을 확보하지 못할 뿐만 아니라, 10~20년 정도의 비교적 빠른 시간 안에 염해에 의한 손상이 나타나는 경우가 선진 외국뿐만 아니라 국내에서도 많이 보고되고 있어 그 중요성이 날로 커지고 있다. 또한 염해에 의한 손상이 일단 나타난 이후에는 보수를 실시하여도 급속하게 성능 저하되는 경우가 많아 재보수에 의한 보수 비용도 문제가 되므로, 설계 및 시공할 때 염해 내구성에 대한 대책을 충분히 세워 시행하지 않으면 안 된다.

1980년대 이후로 건설 물량이 증가하기 시작하면서 구조물의 대형화, 특수화 경향에 따라 콘크리트의 성능 향상에 대한 관심도 높아져 이에 대한 연구개발이 많이 진행되어 왔다. 특히 서해대교, 광안대교, 영종대교의 3대 대형 공사가 해상이라는 조기 성능 저하 환경에 건설되면서 염해 내구 성능 향상에 대한 많은 연구 개발이 진행되었고, 그 결과 콘크리트 염해 내구성에 대한 기술이 한 단계 진보되는 결실을 가져왔다. 최근에 개통한 인천대교와 한창 마무리 단계인 거가대교 등 대규모의 해양 구조물 공사를 진행하면서, 선진국과 대등한 기술 수준을 보유하게 되었다고 말 할 수 있을 것이다. 그러나 아직까지 염해 내구성 설계 및 시공에 대한 기술이 널리 일반화되어 있지 못한 것 또한 사실이다.

이에 한국콘크리트학회 특수환경콘크리트위원회(KCI-203)에서는 2006년 개최한 염해 심포지엄 자료와 그 이후 발전된 내구성 설계 개념을 보완하여, 콘크리트 염해 내구성에 대하여 건설 기술자를 위한 실무 매뉴얼을 발간하여 콘크리트 염해 내구성에 대한 기본 개념과 설계에 대한 내용을 다루어 염해 내구성 설계의 올바른 방향을 제시하고자 하였다.

02 장

철근 부식 메커니즘 및 염해에 의한 성능 저하

2.1 철근 부식에 의한 콘크리트의 손상

철근 콘크리트 구조물은 철근 부식으로 인해 철근의 단면 손실과 강도 저하가 일어나고 콘크리트의 균열이 발생한다. 이러한 구조물에 있어서 강도의 저하는 처짐 등의 증가로 인해 기능 저하로 연결되고, 콘크리트의 균열을 자체의 강도 저하뿐만 아니라 콘크리트가 박리되는 등으로 인하여 부식을 더욱 가속화시킨다.

해안 지역에서 균열의 발생은 염해를 받는 콘크리트 구조물의 손상 과정에 있어서 매우 중요하며, 균열 발생 과정은 다음과 같다. 철근의 부식 개시로부터 손상이 진행하는 데까지의 과정은 다음 그림에 나타낸 것과 같이, 염분의 침투 → 축적 → 철근의 부식 → 균열의 발생 → 눈에 보일 정도로의 부식의 진전이라는 과정을 거쳐 구조물의 설치에서 열화에 이르게 된다.

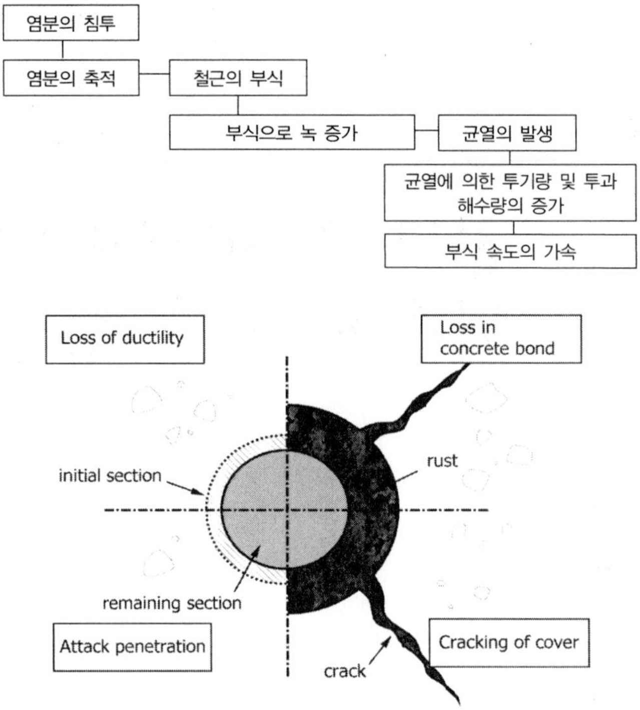

그림 2.1 **철근 부식에 의한 콘크리트 구조물의 열화**

2.2 염화물에 의한 철근 부식 메커니즘

2.2.1 염소 이온과 부식 반응

콘크리트의 내부에 묻힌 철근의 부식은 콘크리트 구조물의 성능 저하를 일으키는 주요한 원인 중의 하나이다. 콘크리트는 pH가 12.5 ~ 13.0에 이르는 알칼리 상태에 있기 때문에 철근 주위에 부동태 피막이라 불리는 보호막이 형성되어 부식을 억제한다. 그러나 콘크리트 구조물의 외부환경으로 인하여 또는 콘크리트 구조물 자체적 원인으로 인하여 콘크리트 내부에 일정량 이상의 염소 이온이나 산성 음이온이 존재하게 되는 경우, 철근 주위의 부동태 피막이 파괴되고 철근은 부식하기 쉬운 상태가 된다. 콘크리트 내부의 철근이 부식하면, 철근 자체의 단면이 손실되어 구조물의 전체 강도가 저하될 뿐 아니라 철근의 체적이 본래의 약 2.5배로 팽창하고, 그 팽창압으로 균열을 일으키게 되고 균열이 발생하면 산소나 물의 공급이 용이하게 되어 철근의 부식이 더욱 촉진되고 결국에는 피복 콘크리트가 탈락하여 구조물은 현저한 성능 저하를 일으킨다.

자연계에서는 철(Fe)은 주로 산소와 결합하여 광석중의 안정한 상태로 존재하나, 여기에 전기에너지와 열에너지를 가하여 열역학적으로 불안정한 상태로 된 것이 금속철이다. 따라서 금속철은 그 환경 중의 물, 공기 등과 반응하여 원래의 안정한 상태로 되돌아가려는 성질을 갖는데, 이러한 특성을 부식 현상이라 할 수 있다. 일반적으로 금속의 부식은 건식과 습식으로 대별할 수 있다. 건식은 금속이 고온에서 산소, 유황, 할로겐 등의 가스에 접하여 그 금속의 산화물, 유화물, 할로겐물 등의 반응물을 생성시키는 것이고, 습식은 수분이 존재하는 상태에서 금속이 부식되는 경우에 일어나는 것으로 상온에서 발생하는 통상의 부식은 거의 습식이다. 콘크리트 내부의 철근에 발생하는 부식도 습식의 하나로서 이 부식 현상은 다음과 같은 전기화학적 반응으로 설명된다.

양극 반응 $Fe \rightarrow Fe^{2+} + 2e^-$ (2.1)

음극 반응 $H_2O + 1/2O_2 + 2e^- \rightarrow 2(OH)^-$ (2.2)

전체 반응 $Fe + 1/2O_2 + H_2O \rightarrow Fe(OH)_2$ (2.3)

위 식과 같이 부식 반응은 양극반응(anodic reaction)과 음극반응(cathodic reaction)으로 이루어져 하나의 전지를 구성한다. 부식 전지는 양극부(anode)와 음극부(cathod)의 거리에 따라 조금 떨어진 위치에서 생기는 매크로셀(macrocell)과 비교적 가까운 거리에서 생기는 마이크로셀(microcell)로 나누어지는데, 매크로셀은 마이크로셀에 비해 전위차가 크기 때문에 부식 속도가 대단히 빠르다. 해양 환경과 같이 극심한 환경에서는 양극과 음극 간의 거리가 약 40 ~ 100 cm가 되는 경우도 보고된 바 있다.

한편, 앞서 간략히 설명한 대로 밀실한 콘크리트는 알칼리도가 매우 높아서 강재 표면에 치밀한 부동태 피막을 형성함으로써 강재를 부식으로부터 보호한다. 그러나 이런 상태에도 염소 이온이 존재하면 철의 부동태 피막이 파괴되거나 부동태화가 방해되는데, 이와 같이 철의 부동태 피막을 파괴하는 다른 유해 성분으로는 할로겐 이온(Cl^-, Br^{2-}, I^{2-}), 황산 이온(SO_4^{2-})또는 황화물 이온(S_2^-) 등의 음이온이 있다. 그러나 이들 중 염소 이온이 그 작용이 가장 강력하며, 더구나 콘크리트 중에 혼입되는 기회가 많으므로 철근 부식에 대하여 가장 유해한 이온이다. 염소 이온의 전기화학적 작용에 대해서는 다음과 같은 세 가지 이론이 있다.

1) 산화막 이론(the oxide film theory)

이 이론에 따르면 금속 표면의 산화막이 부동태 피막을 형성하여 부식으로부터 강재를 보호한다. 염소 이온은 이러한 금속 산화막의 결함을 통해 금속으로 침투하는데 염소 이온은 황산염 이온 등과는 달리 콜로이드처럼 산화막에 골고루 분산되기 때문에 더 쉽게 침투할 수 있다.

2) 흡착 이론(the adsorption theory)

염소 이온은 산소(O_2)나 수산기 이온(OH^-) 등과 경쟁하면서 금속 표면에 흡착된다. 흡착된 염소 이온은 금속 이온의 수화를 촉진하고 용해시키는 작용을 하게 된다.

3) 순간화합물 이론(the transitory complex theory)

이 이론에 의하면 염소 이온은 수산화 이온(OH^-)과 경쟁하면서 Fe^{2+}를 생성시키고 $FeCl_2$를 형성하는데, 이 화합물은 양극부에서 자유롭게 확산되어 $Fe(OH)_2$의 보호층을 파괴하고 부식 반응이 지속되도록 한다.

이와 같이 염소 이온의 작용은 간접적이고 촉매적인 것으로 생각되고 있으나, 이 문제에 대해서는 아직 해결되지 않은 점도 많다. 부동태막이 파괴되면 콘크리트의 각종 결함이나 밀실 정도의 차, 염소 이온과 알칼리 농도의 차와 같은 불균일성 또는 강재 표면의 화학적 불균일성 때문에 강재 표면의 전위는 국부적으로 불안정하게 되어 전위차가 발생하고 전류의 흐름이 생겨나 부식 반응이 시작된다. 염소 이온의 존재하에서는 양극부가 음극부에 비해 상대적으로 매우 작은 경우가 많기 때문에 부식은 공식(孔蝕)의 형태가 되는 경우가 많다. 프리스트레싱 텐던 등과 같이 취성이 강한 재료에서는 공식된 부위가 하나의 노치로 작용할 수 있으므로 특히 중요하다.

2.2.2 부식 메커니즘

앞서 설명한 염소 이온에 의한 철근의 부식 과정을 단계별로 정리하면 아래와 같이 요약할 수 있다.

1) 염소 이온 침투

염화칼슘과 해수에 함유된 염소 이온은 콘크리트 표면에 침투하여 철근 고유의 부동태를 파괴한다. 전형적으로 철근의 맨 상층은 가장 빨리 그리고 가장 높은 농도의 염소 이온에 의해 활성화된다(그림 2.2).

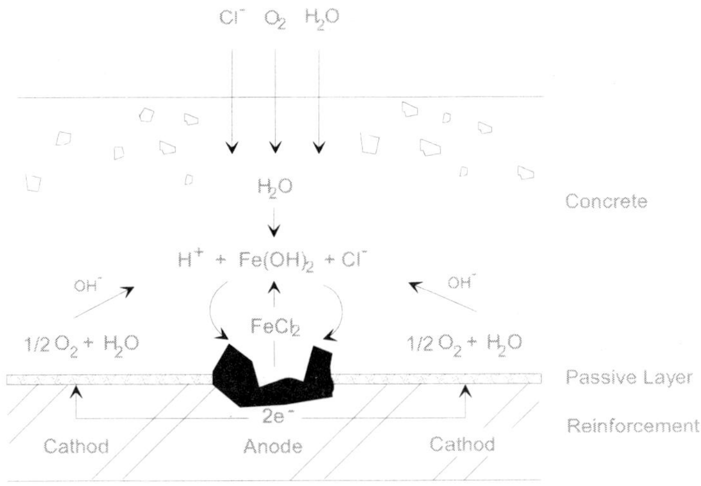

그림 2.2 **염소 이온에 의해 유발되는 철근의 부식 반응**

2) 전위차

염소 이온의 농도는 구조물의 전체 구조에 걸쳐 일정하지 않기 때문에 일부만이 활성화된다. 따라서 건전부와 결함부 사이에서 전위차가 발생한다. 이러한 전위차는 그림 2.3에 나타난 바와 같이 철근을 통해 전자를 이동시킴으로써 부식 작용을 일으키는 전지를 형성하는 기전력으로 작용한다.

3) 부식 작용

전위차는 철근에 전자의 흐름을 만드는 동시에 또한 철근의 표면에서 전기 화학적인 반응을 일어나게 한다. 즉, 양극부에서는 전자의 생성에 따라 산화반응이 일어나 철이 이온화되어 녹아 나오게 된다.

$$2Fe \rightarrow 2Fe^{2+} + 4e^{-} \tag{2.4}$$

또 부동태의 상태로 있는 음극부에서는 전자의 소모에 의한 환원반응이 일어나 아래와 같이 수산화 이온이 발생한다.

$$O_2 + 2H_2O + 4e^{-} \rightarrow 4OH \tag{2.5}$$

결과적으로 수산화 이온이 양극부로 이동하여 다음과 같이 부식생성물인 수산화 제1철을 생성한다.

$$4Fe + O_2 + 2H_2O \rightarrow 2Fe(OH)_2 \tag{2.6}$$

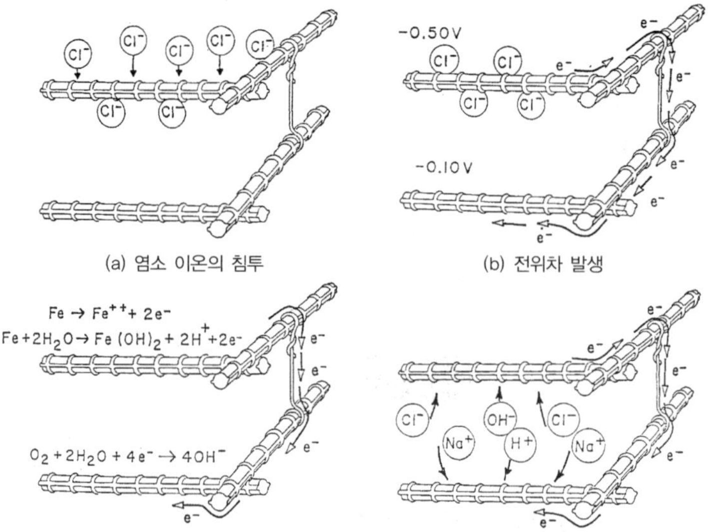

(a) 염소 이온의 침투 (b) 전위차 발생

(c) 부식 반응의 발생 (d) 이온의 흐름

그림 2.3 **염소 이온에 의한 철근의 부식 과정**

이 화합물은 계속해서 수분을 잃고 붉은 녹 형태의 수산화 제2철이 되거나 산화가 불충분한 채로 검은 녹(Fe_3O_4)으로 남아 철 표면에 녹의 층을 형성한다.

4) 이온의 흐름

부식 반응이 일어날 때 이온들은 전기적 중성을 유지하기 위해 전해 물질을 통해 이동한다. 음(-)으로 하전된 이온들은 양극부로 이동하고 양(+)으로 하전된 이온들은 음극부로 이동하여 전기적 회로를 구성하게 된다. 염소 이온이 양극 쪽으로의 이동하면 부동태의 상태를 침해하게 되어 부식 반응을 더욱 강화시킨다. 이것은 염소가 부식 반응에서 실제적으로 관여하기 때문에 일어나는 현상이다. 반응은 다음과 같이 일어난다.

$$Fe + 2Cl^- \rightarrow FeCl_2 + 2e^- \quad (2.7)$$

$$FeCl_2 + 2H_2O \rightarrow Fe(OH)_2 + 2H^+ + 2Cl^- \quad (2.8)$$

위 식에서 보듯이 부식 반응 과정을 통해 염소 이온은 소모되지 않고 단지 부식 반응의 중간생성물 $FeCl_2$을 형성했다가 다시 방출된다. 그리고 이와 동시에 양극에서 수소 이온이 발생하여 양극부의 pH를 낮춤으로써 부식에 더욱 유리한 환경을 만들게 되는데, 활발한 부식 반응이 일어날 때 철근 주위의 pH가 항상 4.8에서 6.0 사이의 범위에 있다는 사실은

이를 잘 뒷받침한다.

2.2.3 철의 전위와 pH 관계

콘크리트 중의 철근이 부식하기 쉬운 활성 상태 또는 부동태 상태에 있는가는 철의 전위를 측정하여 예측할 수 있다. 전위차의 측정은 ASTM Test Method C876-87[11]의 규정에 의해 구할 수 있는데, 이 방법에 의하면 강재 표면의 전위차와 CSE(Copper Sulfate Reference Electrode)의 차이에 따라 철근의 상태를 예측할 수 있다(표 2.1).

그러나 전위차에 의한 것보다 더욱 유용한 방법은 철의 전위와 pH를 동시에 측정하여 예측하는 방법이다. Pourbaix(1974)는 염소 이온을 함유한 경우와 함유하지 않은 알칼리 용액 속에서 철의 전위-pH 곡선(Pourbaix diagram)을 구하여 철근의 상태를 예측하고자 하였다. 그림 2.4(a)는 Cl^-이온을 함유하지 않은 경우이고 그림 2.4(b)는 Cl^- 이온을 355ppm 함유한 철근의 전위-pH 곡선이다.

Cl^- 이온을 함유하지 않는 용액 중의 철근이 그림 3.8(a)의 ① 영역에 있으면 철근 표면은 부동태 상태에 있으며, 따라서 부식이 억제된다. 한편, Cl^- 이온을 함유한 용액 내에서는 철근이 그림 3.8(b)에서와 같이 pH<6인 영역에 있는 경우, 부동태화가 일어나지 않고 전면부식 영역 ①이 존재하지만 pH>6인 영역에 있는 경우는 공식 영역(②), 불완전 부동태 영역(③), 완전 부동태 영역(④)이 각각 존재한다. 또, 염소 이온 농도가 해수에 의해 높아지면 공식 영역이 오른쪽 아래로 확장된다. 콘크리트 중에 있어서 철근의 거동은 정확히 알칼리 용액 중에 있는 것과 동일하지 않다. 그러나 전위-pH 곡선으로부터 대략적으로 다음과 같은 내용을 알 수 있다.

- Cl^- 이온을 함유하지 않은 콘크리트 중의 철근이 pH=12.5에서 그림 2.4(a)의 ⓐ점에 있게 되면 철근은 부동태 영역에 존재하고 부식이 억제된다.
- Cl^- 이온을 함유한 콘크리트 중에서도 Cl^- 이온 농도가 어느 한계 값 이하로 되면 철근은 그림 2.4(b)의 ⓑ점에서와 같은 부동태 영역에 존재한다.
- 그러나 pH가 낮아져서 철근이 ⓒ점에 있을 때에는 전면 부식이 발생한다.
- 이것을 전기방식에 의해 ⑤영역에 이동시키면 철근의 부식이 방지된다.

표 2.1 전위차에 따른 철근의 상태[ASTM C876(1987)]

철의 전위와 CSE의 차이	철근의 상태
> −0.20V	부식 작용이 일어나지 않을 확률이 90 퍼센트 이상
−0.20V ~ −0.35V	부식 작용의 정도가 확실하지 않음
< −0.35V	부식 작용이 일어날 확률이 90 퍼센트 이상

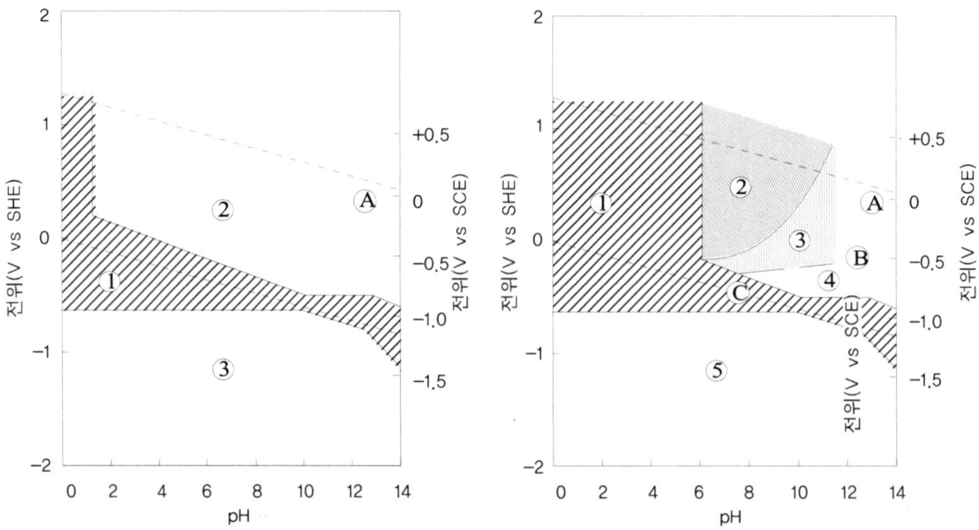

① 전면 부식　② 부동태
③ 불활성 (= 전기 방식)

(a) Cl⁻ 이온을 함유하지 않은 경우

① 전면 부식　② 공식　③ 불완전 부동태
④ 완전 부동태　⑤ 불활성 (= 전기 방식)

(b) Cl⁻ 이온을 10^{-2} g/ℓ 함유한 경우

그림 2.4 **철의 Pourbaix diagram**

2.2.4 양극 분극 곡선

전위-pH 곡선은 부식 경향을 판단할 수는 있어도 부식 속도를 알 수 있는 것은 아니다. 부식 속도는 양극과 음극 반응 중 느린 쪽에 의해 결정되는데, 이것은 철의 전위-전류 밀도 곡선, 즉 철의 양극 분극 곡선으로부터 알 수 있다. 여기서 분극이라는 것은 부식 전류가 흐를 때와 흐르지 않을 때의 전극 전위의 차를 의미하고, 이는 부식 반응의 지체 현상에 의해 생긴다. 알칼리 용액에서 철을 양극으로 해서 전위를 높게 변화시켜 이때의 전류를 측정하면 양극 분극 곡선을 얻을 수 있다. 철의 양극 분극 곡선은 일반적으로 그림 2.5와 같은 형태를 띠게 되는데 여기서 전류 밀도가 곧 부식 반응 속도를 나타낸다.

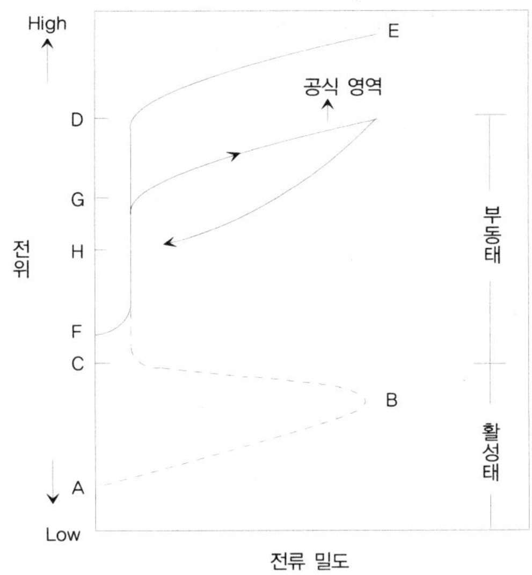

그림 2.5 **철의 양극 분극 곡선**

그림 2.5에서 Va-VA 전위 영역에서는 철은 활성태를 나타내고 전위의 상승과 더불어 용해 속도가 증가하지만, VA-VB 전위 영역에서는 부동태화 되고 거의 용해되지 않는다. 그러나 실제 콘크리트 중에서는 철근이 처음부터 부동태화 되어 있기 때문에 Va-VA 전위 영역은 나타나지 않고 그림의 실선 부분만 나타나게 된다. 콘크리트 중에 염소 이온이 존재하면 전류가 증가하여 곡선은 화살표를 따라 이동하게 되는데, 이와 같이 공식이 발생하기 시작하는 한계 전위를 공식 전위라 한다.

한편, 공식이 발생한 철의 전위를 다시 음(-)의 방향으로 이동시키면 어느 일정 전위에서 공식의 진행이 멈추게 되는데, 이 전위를 공식 정지 전위 또는 재부동태화 전위라 한다. 만약 이 전위보다 낮은 상태로 유지되면 더 이상 공식은 진행되지 않는다. 또 철의 전위가 더욱 낮아져 Va-VB 전위 영역으로 이동하면 다시 철이 활성 상태가 되어 용해된다. 그러나 다시 전위가 Va 전위보다 낮아지면 마침내 부식이 방지되는데, 이것이 곧 음극 방식의 방식 전위가 된다.

2.3 염해에 의한 성능 저하 메커니즘

2.3.1 콘크리트 내부로의 염화물 침투

콘크리트 내부로 염소 이온이 침투하는 경로는 크게 두 가지로 나눌 수 있다. 먼저, 콘크리트 제조 시 해사를 사용하거나 배합수, 혼화제 등과 같은 기타 배합 재료에 염소 이온이 함유된 경우를 들 수 있고, 둘째로는 해수 또는 대기중의 해염 입자가 외부로부터 콘크리트의 간극을 통해 흡수와 확산 등에 의해 콘크리트 내부로 침투되는 경우가 있다. 이 외에도 도로교 등에서 겨울철에 동해 방지나 제설, 제빙의 목적으로 사용하는 염화칼슘 등과 같은 제빙 화학제가 콘크리트 속으로 침투되는 경우가 있을 수 있다. 일반적으로 콘크리트 제조 시 함유되는 염소 이온을 내부 염소 이온, 구조물이 완성 후에 외부로부터 침투되는 염소 이온을 외부 염소 이온이라 한다(그림 2.6).

해양 콘크리트 구조물의 내구성에 영향을 미치는 것은 콘크리트 배합에 함유되는 경우 초기 염화물의 양은 콘크리트 배합에서 기준 값인 총 염화물량 0.3 kg/m³ 이하로 관리되면 큰 문제가 되지 않는다. 따라서 주로 문제가 되는 것은 외부에 콘크리트 중으로 유입되는 염화물이 된다.

1) 내부 염소 이온

내부 염소 이온이 콘크리트에 도입되는 것은 시멘트, 혼합수 및 화학 혼화제 등에 염소

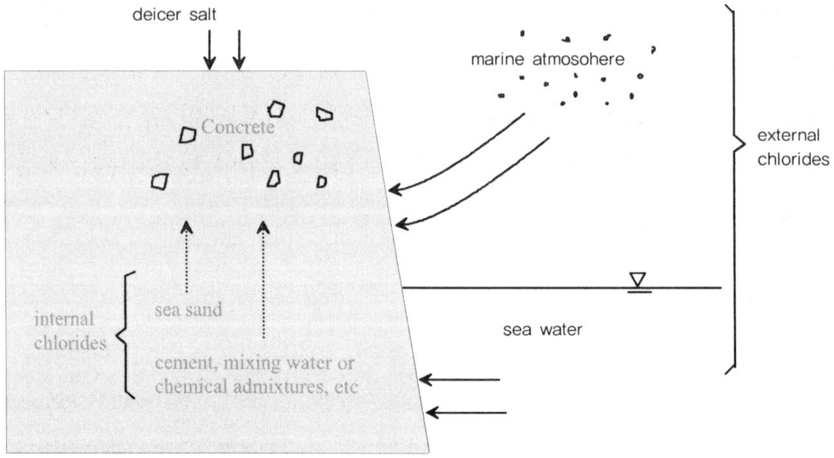

그림 2.6 염분의 침투 경로

이온이 함유된 경우도 있겠지만, 무엇보다도 해사를 사용하는 경우가 가장 중요한 요인이 된다.

2) 외부 염소 이온

염소 이온의 또 다른 침투 경로는 해수나 대기중의 해염 입자, 제빙 화학제 등에 의해 외부로부터 염소 이온이 침투하는 것이다. 이러한 환경에 노출되는 구조물은 다량의 염소 이온이 콘크리트 내에 축적될 수 있다. 이러한 외부 염소 이온의 침투에 대해 간략히 설명하면 다음과 같다.

(1) 해수로부터의 침투

간만의 차가 있으며 건습 작용이 반복되는 위치에서 해수에 포함된 염소 이온이 콘크리트 표면으로부터 침투가 된다. 이러한 위치에서의 콘크리트의 건습 작용으로 인하여 해수의 침투가 활발하게 진행된다. 콘크리트의 표면으로부터 깊이가 깊을수록 염소 이온은 급격히 감소한다. 해수 중에 콘크리트 구조물에서의 염소 이온의 침투는 어느 정도 깊이까지는 염소 이온이 포화되어 있으며, 그 이후에 감소한다.

(2) 해염 입자에 의한 침투

해안 주변에 건설된 철근 콘크리트 구조물에는 해수와 직접 접하지 않더라도 대기중의 해염 입사에 의해서도 다량의 염분이 침투할 수 있다. 해염 입자의 크기는 해상에서는 3~18 ㎛ 정도인데 대기중에 부유하는 동안 0.03~0.6 ㎛ 정도로 작아지며 내륙으로 들어오면서 더욱 더 작아지는 경향이 있다.

(3) 제빙 화학제 등 기타 경로에 의한 침투

주로 도로, 교량 등의 콘크리트 포장에서 제빙 화학제로 사용되는 것은 $CaCl_2$나 NaCl 등으로서 제빙 화학제가 녹은 눈이나 얼음과 함께 직접 접하지 않는 구조물 요소에까지 침투하게 된다. 또 차량에 의해 옮겨진 제빙 화학제는 주차장이나 교량의 부속 구조물에도 옮겨지게 되어 건습의 반복 작용에 의해 높은 농도의 염소 이온이 내부로 침투하게 된다. 이런 경우에는 콘크리트가 염소 이온과 연속적으로 접하지 않으며 건습의 반복과 함께 외부 염소 이온 농도가 계속 변하는 상황에 놓이게 된다. 따라서 이때에는 모세공 흡착이 염소 이온 침투의 주된 메커니즘이 된다. 즉, 콘크리트 표면에서 모세공 흡착과 건조작용이 계속 반복되는 것이다. 이 때문에 표면 근처에서 매우 높은 염소 이온 농도를 나타내게 되고 이것이 염소 이온의 확산을 통해 내부로 재분배되게 된다.

이외에도 화재로 인해 PVC가 연소하면서 방출되는 HCl이 콘크리트와 반응하여 $CaCl_2$를 형성할 수도 있으며 지하수나 토양으로부터 염소 이온이 침투하는 경우도 있을 수 있다. 또 산업 부산물로 인해 염소 이온의 침해를 받는 경우 등 염소 이온의 침투 경로는 매우 다양하다. 따라서 이러한 염소 이온의 침투 경로를 철저히 파악하는 것이 염소 이온의 침해를 막기 위한 기초 대책으로서 매우 중요하다고 할 것이다.

2.3.2 염화물 침투에 의한 부식 개시와 내구 수명

철근 부식의 개시는 이론적으로 염소 이온의 농도가 임계 농도에 도달할 때 발생한다. 따라서 임계 농도를 정확히 알고 있으면 염소 이온의 침투 예측을 통해 구조물의 부식 개시 시기를 예측할 수 있으므로, 부식 임계 농도를 정확하게 아는 것이 염화물의 침투를 정확히 예측하는 것만큼 중요하다고 할 수 있다. 때문에 그 동안 부식 임계 농도를 밝히기 위해 많은 연구가 진행되어 왔으나, 불행히도 아직 그 결과는 그다지 명확하지 못한 것으로 보인다. 여러 연구 결과에 따르면 임계 농도는 pH, 온도, 습도, 노출 환경, 산소 농도, 철근의 표면 특성 등 다양한 영향 인자에 의해 좌우되는 것으로 알려지고 있다. 그러나 임계 농도는 이 매뉴얼의 범위를 벗어나므로 이에 대해서는 보다 상세한 내용은 관련 자료를 참고하도록 한다.

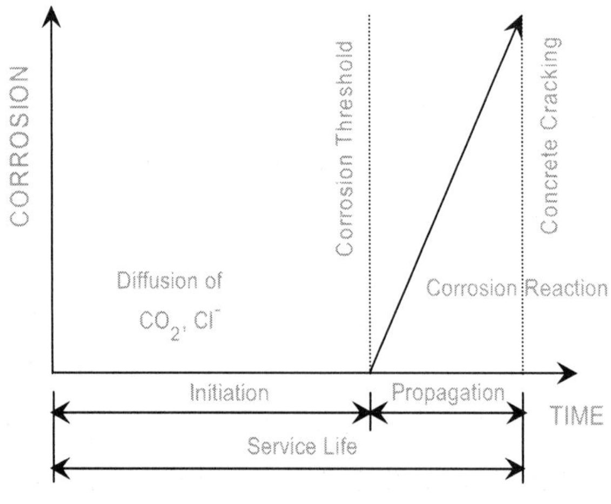

그림 2.7 **철근 부식에 대한 내구 수명 모델**

철근 부식에 의한 구조물의 내구 수명 모델은 Tuutti(1982)가 제시한 모델이 가장 기본이 된다. Tuutti는 염해와 탄산화에 의한 철근 부식에 대하여 여러 가지 경우의 성능 저하를 고려하여 단계별 열화 모델을 제안하였다. 그 가운데 가장 단순한 형태가 그림 2.7에 나타낸 2단계 모형이다. 이에 따르면, 부식 개시 이전의 단계는 개시 단계, 부식 개시 이후의 단계는 진전 단계(propagation period)가 되며, 개시 단계에서서는 염화물의 확산과 구속이 지배적인 결정 인자가 되며, 부식 개시 이후에는 염화물의 침투보다는 산소 및 수분의 확산과 부식 반응 속도에 주로 좌우된다.

Clifton에 따르면 구조물의 내구 수명 기간에서 부식 개시까지의 시간이 일반적으로 더 긴 것으로 보고되고 있으며, 일단 부식이 발생한 이후에는 급격한 성능 저하가 발생하므로 내구성 설계 및 시공에서는 부식 개시 시기를 목표 내구 수명 이상으로 늘리도록 설계하는 것이 일반적이다.

2.3.3 염화물 침투에 의한 콘크리트 열화의 평가 및 예측

위에서 설명한 Tuutti의 기본 모형에서 부식 개시 이후의 콘크리트 구조물의 열화를 보다 세분하면, 그림 2.8과 그림 2.9에 나타낸 바와 같이 잠재기, 진전기, 촉진기, 한계기의 4단계로 정의할 수 있다. 여기에서 각 열화 단계는 다음 표 2.2와 같이 정의되며, 열화 단계별 외관상의 분류 등급을 나타낸다.

앞서 설명한 2단계 모형이 주로 내구성 설계에 적용되는 반면, 4단계의 열화 모델은 주로 구조물의 유지 보수 및 상태 평가 등에 주로 적용된다.

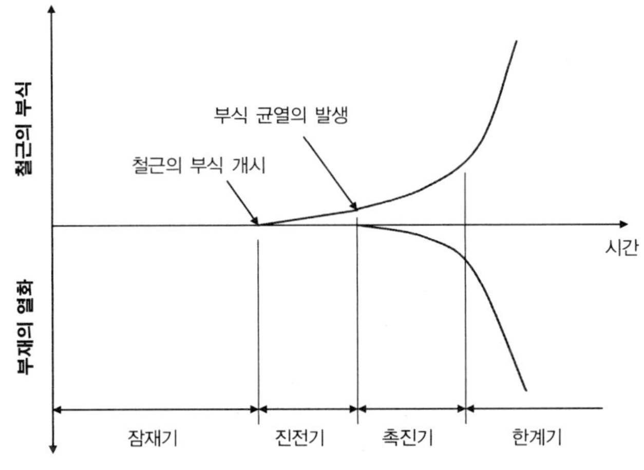

그림 2.8 **열화 모델의 가정**

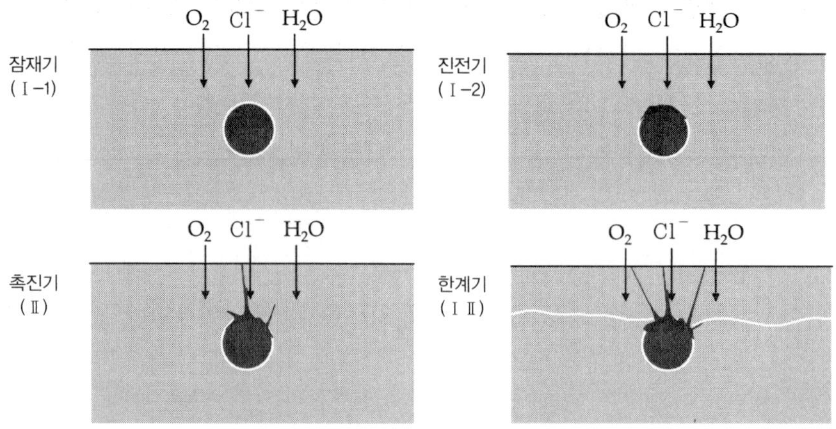

그림 2.9 **열화 단계별 열화 진행 과정**

표 2.2 각 열화 단계의 정의

열화 단계	정 의	주된 인자
잠재기	철근의 부식 발생 이전까지의 기간, 즉 염소 이온의 침투에 의해 철근 위치에서의 염소 이온 농도가 부식 임계 농도에 도달하기까지의 기간	염소 이온의 확산 계수, 부식 임계 농도, 초기 및 표면 염소 이온 농도
진전기	철근의 부식 발생 이후 콘크리트 표면에 부식 균열이 발생하기까지의 기간	부식 속도, 균열 임계 부식도
촉진기	부식 속도가 증가하지만 구조적 성능의 감소가 크게 나타나지 않는 기간	균열 이후의 부식 속도, 부식도에 따른 부재 내력의 감소 정도
한계기	부식 속도가 급격히 증가하고 구조적 성능의 저하가 현격히 발생하는 기간	

표 2.3 육안 조사에 의한 열화 단계 구분

열화 단계	열화 등급	외관상 열화 상태
잠재기	I-1	외관상 변화 없음
진전기	I-2	
촉진기	II	부식 균열, 녹물 및 부분적 박리 관찰
한계기	III	부식 균열 다수 발생 균열폭이 크고 녹물이 번진 면적이 넓음. 피복의 들뜸, 박리 및 탈락 관찰 변위 및 처짐이 큼.

2.3.4 국내 염해 피해 실태

1) 해양 환경에 위치한 콘크리트 교량의 철근 부식

(1) 콘크리트 교량의 철근 부식 현황

국내 염해 실태 조사 결과 사례에서 수집된 철근 부식으로 인한 콘크리트 구조물의 손상 현황은 그림 2.10 ~ 그림 2.15에 나타내었다. 해양 환경에 위치한 콘크리트 교량의 외관 조사 결과, 조사 대상 교량 모두 해수 비말의 영향으로 난간 부위의 성능 저하가 심하게 나타났으며, 슬래브 및 교각의 경우, 성능 저하 정도가 경과연수와 교량의 위치에 따라 크게 다르게 나타났다. 표 2.4는 해양 환경에 위치한 콘크리트 교량의 외관 조사 및 피복 콘크리트를 쪼아내어 철근을 노출시킨 후 철근의 부식 등급에 따라 판정한 결과를 정리한 것이다.

서해안의 경우 해수와 직접 접해 있는 MK교와 PS교가 피복 콘크리트의 탈락 및 철근의 부식 정도가 심하였으며, 동해안의 경우 YD교와 SC교가 상당히 심한 성능 저하 상태를 보였다. 특히 SC교의 경우 교각 부위에서 콘크리트가 탈락되어 철근이 노출된 상태였으며, 현재 이 교량은 폐교되었으며 인접 위치에 신설 교량이 건설되어 있다. 남해안의 경우 SD교와 해수의 건습이 반복되는 BY교의 성능 저하 정도가 다른 교량에 비해 더욱 심각하게 나타났다.

그림 2.10 **난간 부위에 발생한 철근 부식**

그림 2.11 **교각 하부에 발생된 철근 부식**

그림 2.12 **잔교 하부에 발생된 철근 부식**

그림 2.13 **보에 발생된 철근 부식**

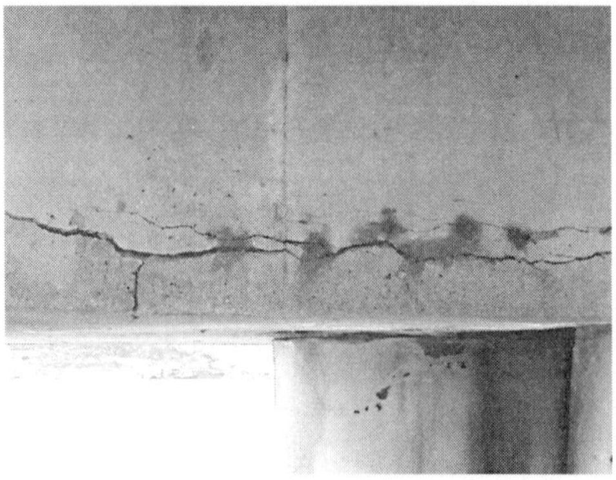

그림 2.14 **부식으로 인한 콘크리트의 균열**

그림 2.15 **염해 환경하 콘크리트의 열화**

교량의 성능 저하 정도가 심한 SC교, PS교, MK교 및 BY교가 부위에 관계없이 0.5 mm 이상의 균열이 발생하였으며, 구체 콘크리트의 탈락이 심한 상태인 V등급으로 평가되었다. 나머지 교량도 조사 대상 대부분의 부위가 Ⅲ등급 이하로 평가되었다. 또한 슬래브와 교각 부위보다는 난간 부위의 균열 및 탈락이 더 심하게 나타났으며, 교량의 위치에 관계없이 모두 균열이 컸으며 피복 콘크리트의 박리 및 손상이 심각한 상태로 조사되었다.

한편, 조사 대상 교량의 콘크리트 표면 염화물량과 철근의 부식 등급에서 부식이 심한 Ⅳ, V등급 교량의 염화물량이 크게 나타났으며, 부식이 비교적 심하지 않은 Ⅱ, Ⅲ등급의 교량에서는 상대적으로 적은 양의 염화물이 검출되었다. 이것은 조사 대상 교량들이 직·간접적으로 해수의 영향을 받고 있기 때문에 염화물이 콘크리트 속으로 침투·확산되어 철근 부식에 직접 영향을 미친 탓으로 생각된다. 특히 조수 간만의 작용으로 해수에 직접 접하는 교량뿐만 아니라 해안가로부터 수백 미터 이상 떨어진 위치에 있는 교량의 경우에도

표 2.4 해양 환경 하에 위치한 콘크리트 교량의 외관 및 철근 부식 등급 사례

위치 및 구조물명 \ 부위별 외관 및 부식 등급		외관 등급			부식 등급		
		슬래브	난간/연석	교대/교각	슬래브	난간/연석	교대/교각
동해안	NB교	Ⅳ	Ⅳ	Ⅲ	Ⅴ	Ⅲ	Ⅱ
	SC교	Ⅴ	Ⅴ	Ⅴ	Ⅴ	Ⅴ	Ⅴ
	SY교	Ⅲ	Ⅳ	Ⅲ	Ⅲ	Ⅲ	Ⅱ
	YD교	Ⅳ	Ⅴ	Ⅴ	Ⅴ	Ⅴ	Ⅲ
	BS교	Ⅳ	Ⅴ	Ⅳ	Ⅳ	Ⅳ	Ⅳ
서해안	SP교	Ⅲ	Ⅴ	Ⅲ	Ⅲ	Ⅴ	Ⅲ
	PS교	Ⅴ	Ⅴ	Ⅴ	Ⅳ	Ⅴ	Ⅴ
	SS교	Ⅲ	Ⅳ	Ⅳ	Ⅲ	Ⅳ	Ⅳ
	MK교	Ⅴ	Ⅴ	Ⅴ	Ⅳ	Ⅴ	Ⅴ
	JP교	Ⅳ	Ⅴ	Ⅲ	Ⅲ	Ⅴ	Ⅳ
남해안	GJ교	Ⅲ	Ⅲ	Ⅲ	Ⅲ	Ⅱ	Ⅱ
	SD교	Ⅴ	Ⅴ	Ⅳ	Ⅴ	Ⅴ	Ⅳ
	SJ교	Ⅲ	Ⅲ	Ⅲ	Ⅱ	Ⅱ	Ⅲ
	BY교	Ⅴ	Ⅴ	Ⅴ	Ⅴ	Ⅴ	Ⅴ
	ML교	Ⅳ	Ⅴ	Ⅳ	Ⅳ	Ⅳ	Ⅲ

바람에 의해 날아오는 비래 염분에 의하여 염화물이 축적되어 있음을 확인할 수 있었다.

(2) 콘크리트 구조물 중의 철근 부식과 피복 두께

해양 환경에 위치한 15개 교량의 경우, 위치 및 부위에 관계없이 철근의 부식 정도가 상당히 심각한 상태인 것으로 조사되었으며, 동해안의 경우 SC교 및 YD교가 거의 모든 부위에서 녹 발생으로 인한 단면 손상이 발생하였으며, 서해안의 경우 PS교 및 MK교, 남해안의 경우 SD교 및 BY교가 부식 정도 조사 결과 Ⅳ, Ⅴ등급으로 평가되었다. 또한 나머지 교량들도 건전한 부위보다는 철근 부식이 심한 부위가 더 많이 발견되었으며, 이러한 경향은 해수와 직접 접해 있어 조수간만의 영향을 받는 교량일수록 해안가로부터 조금 떨어진 교량보다 더욱 심하게 나타났다. 일제 강점기에 만들어진 남해안 BY교의 경우 해안에 직접 접해 있지 않았으나 경과 연수가 오래되어 부식의 정도가 상당히 심각한 상태로 조사되었다.

조사 대상 15개 교량의 상판과 교각 부위 38개소에서 측정한 콘크리트 피복 두께는 약 75 퍼센트 정도가 50 mm 이하로 조사되었다. 피복 콘크리트는 유해물질의 침투를 억제하여 철근의 부식을 막아주는 중요한 방어물 역할을 하며, 특히 해안이나 해수 중에 위치한 콘크리트 구조물의 피복 두께가 충분하고 피복 콘크리트가 손상되지 않은 경우, 염화물에 의한 침식 등과 같은 유해 이온의 작용으로부터 철근이 보호되어 비교적 건전함을 확인할 수 있었다.

이상의 조사 결과를 정리해보면 조사 대상 교량이 거의 25년 이상 공용되어 노후된 이유 이외에 염화물의 침투, 확산 및 이로 인한 철근 부식의 영향이 큰 것으로 판단된다.

(3) 고속도로 상에 위치한 콘크리트 중의 철근 부식

고속도로 상에 위치한 콘크리트 교량들의 외관 조사 결과 사례를 보면, 전체적으로 경계석과 난간 부위의 성능 저하가 심하게 나타났으며 염화물의 침투가 용이한 콘크리트 이음부에서는 철근의 부식으로 인한 녹물이 발생되었다. 또한 철근 부식으로 인하여 피복 콘크리트가 탈락하여 철근이 노출된 부위도 확인되었다. 반면 콘크리트 코어 공시체의 탄산화 깊이는 연석과 난간부분 14~38 mm 정도였으나 콘크리트 상판은 9~16 mm, 교각은 3~8 mm 정도로서 상대적으로 작게 나타났다. 콘크리트의 성능 저하는 제빙 화학제의 직접적인 영향을 받은 연석과 난간 부분에서 심하게 발생하였으나 아스팔트의 덧씌우기가 되어 있어 제빙 화학제의 침투가 어려운 상판이나 제빙 화학제의 직접적인 영향을 받지 않는 교각은 상대적으로 성능 저하가 적게 발생하였다. 한편, ODC교의 상판 부위를 대상으로 콘크리트 중 철근의 자연 전위를 측정한 결과 -280~-560 mV 정도로 콘크리트 중의 철근은 전체적으로 부식 환경에 놓여 있는 것으로 추정되었으며, 외관 조사 결과와 철근의 부식상태는 비교적 잘 일치하였다.

콘크리트 상판과 연석의 이음부는 제빙 화학제 살포할 때 눈과 함께 녹아 염화물이 쉽게 스며들어 철근 부식으로 인한 피복 콘크리트의 일부가 탈락하였으며 백화현상도 발생하였다. 연석 부위의 경우는 제빙 화학제가 눈과 함께 녹아 차량의 통행으로 인하여 연석 부위에 집중될 뿐만 아니라 동결융해 및 염화물의 침식 작용으로 콘크리트의 성능 저하가 현저한 것으로 판단되었다. 반면 교각 부위는 제빙 화학제의 직접적인 영향을 받지 않는 원인으로 양호한 것으로 조사되었다.

2) 해양 구조물의 염해 영향 인자

염해 환경에 위치한 콘크리트 구조물로부터 분석된 최대 염화물량 분포 및 거리에 따른 염화물량 분포 등 철근 부식 개시 시기 예측에 관련된 영향 인자의 분석 결과는 그림 2.16 ~ 그림 2.19와 같다.

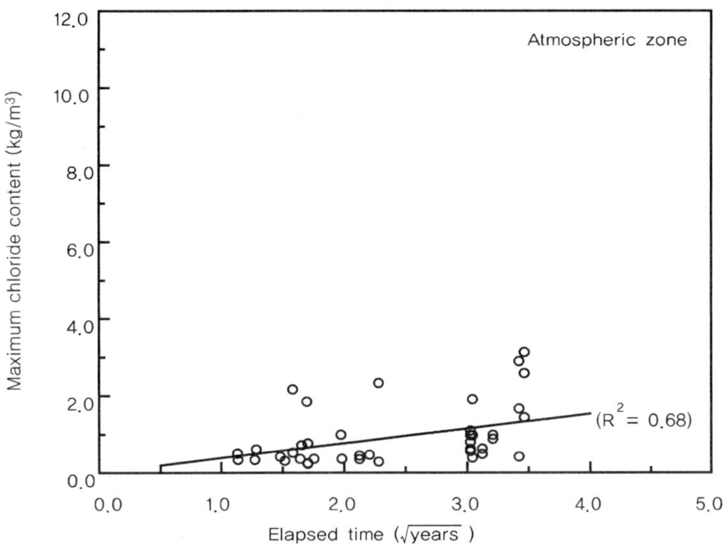

그림 2.16 **대기부에서의 최대 염화물량 분포**

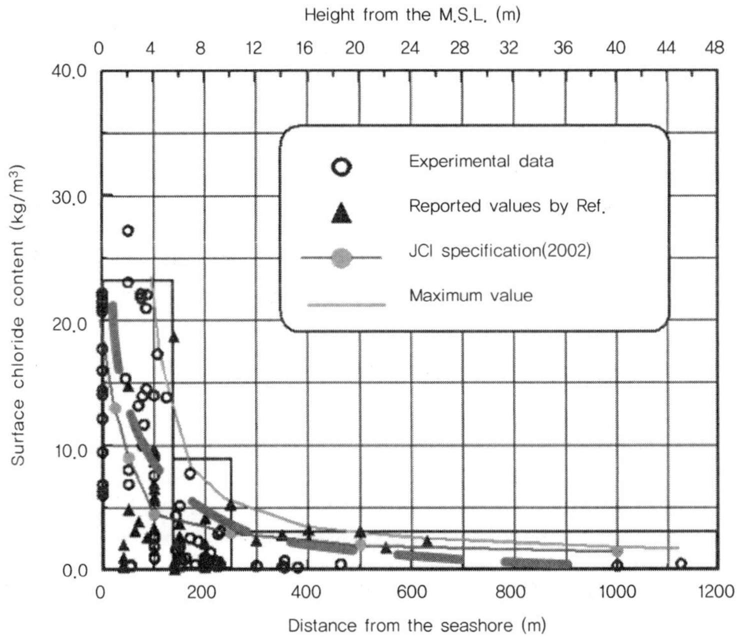

그림 2.17 **거리(높이)에 따른 염화물량 분포**

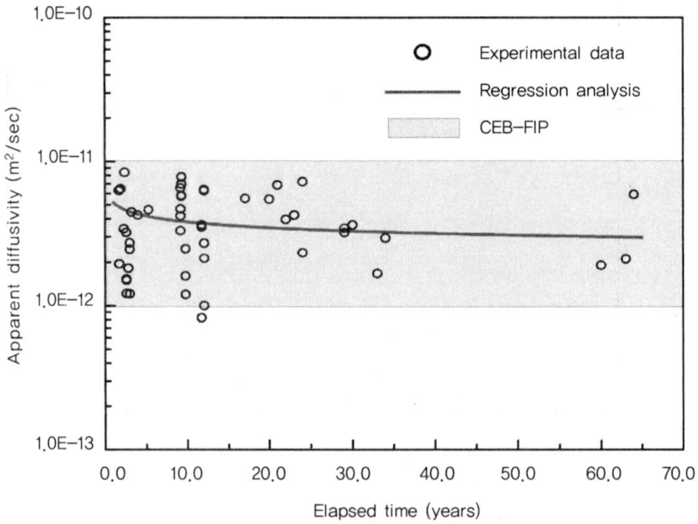

그림 2.18 **공용연수별 염화물 확산계수**

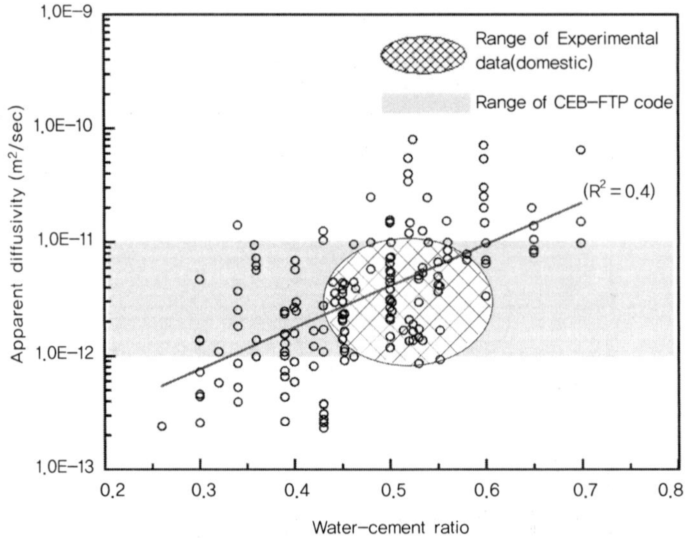

그림 2.19 **실 구조물에서의 확산계수 분포**

03 장 해양 콘크리트 염해 내구성 설계 규정

3.1 내구성 설계 개념

일반적으로 내구성 설계는 설계 열화 인자에 대해 계획 내구 수명 기간 내에는 콘크리트 구조물이 허용 열화 상태를 넘지 않도록 하는 것을 목표로 하며, 가능한 한 열화 현상이 발생하지 않도록 설계, 시공하는 것이 기본이다. 목표 내구 수명은 구조물의 설계자, 사용자, 소유자 등이 구조물의 용도, 기능 등의 요구 조건에 의해 결정하는 수명이며, 이에 기초하여 구조물 계획 시에 정해지는 구조물 또는 구성 요소의 내구 수명을 계획 내구 수명이라 한다. 이를 위하여 콘크리트 설계기준강도를 높이거나 피복 두께를 늘리며 열화를 일으키는 원인을 차단하는 방법이 주로 사용되고 있으며, 최근 다양한 내구성 설계 방법론이 제시되고 있다. 본 장에서는 이러한 내구성 설계에 대한 국내·외 규정을 기술한다.

3.2 국내 내구성 설계 규정

3.2.1 국내 염해 관련 내구성 설계 규정 현황

국내에서는 1999년 콘크리트 구조설계기준 4장에 사용성 및 내구성에 관한 규정이 삽입되면서 본격적인 연구가 추진되었고, 2004년도 콘크리트 표준시방서 내구성 편, 2005년도 콘크리트 표준시방서 유지 관리 편이 제정되었으며, 2006년도부터는 주택의 품질 성능 등급 제도가 실시되면서 염해에 대하여 내구 성능 등급을 평가하기 위한 시스템 구축이 요구되고 있다.

3.2.2 콘크리트 구조설계기준(2007)

내구성 설계가 가능하도록 개념적인 내구성 설계기준을 제시하고 있으며 내구성 설계 시 구조물의 종류, 용도, 중요도 등에 따라 100년 이상의 내구 연한을 필요로 하는 경우 등도 있을 수 있겠지만, 가능한 한 50년 이상의 내구 수명을 갖도록 콘크리트 구조물을 설계, 시공, 유지 관리하도록 규정하고 있다. 예로, 내구성 편에 동결 융해, 염해, 황산염 등에 노출되는 경우의 대책에 대한 규정으로 최소 설계기준강도와 최대 물-시멘트비 등이 규정되어 있다. 또한 철근 부식 방지를 위한 콘크리트 내의 최대 염소 이온 농도를 규정하고 있다.

1) 최대 물-시멘트비(물-결합재비)

수밀 콘크리트나 습한 상태에서 동결, 융해되는 조건하의 콘크리트는 표 3.1의 요건에 맞도록 최대 물-결합재비를 사용해야 하고, 황산염을 포함한 용액에 노출된 콘크리트는 표 3.2의 최대 물-결합재비를 사용해야 한다고 규정하고 있다.

2) 콘크리트 설계기준강도

해풍, 해수, 황산염 및 기타 유해물질에 노출된 콘크리트는 표 3.2의 최소 설계기준강도 조건을 만족하도록 규정하고 있다. 또한 수밀 콘크리트나 습한 상태에서 동결, 융해되는 조건하의 콘크리트는 노출 상태에 따라 표 3.1의 최소 설계기준강도 요건에 맞도록 배합되어야 한다고 규정하고 있다.

표 3.1 특수 노출 상태에 대한 요구 사항

노출 상태	보통골재 콘크리트 최대 물-결합재비	보통골재 콘크리트와 경량 콘크리트의 최소 설계기준강도 f_{ck} (MPa)[1]
물에 노출되었을 때 낮은 투수성이 요구되는 콘크리트	0.50	27
습한 상태에서 동결 융해 혹은 제빙 화학제에 노출된 콘크리트	0.45	30
제빙 화학제, 염분, 소금물, 바닷물에 노출되거나 이런 류들이 살포된 콘크리트의 철근 부식 방지	0.40	35

주 1) 표 3.1과 표 3.2를 동시에 고려하여야 할 때에는 두 표의 값에서 보다 엄격한 기준을 따라야 한다.

표 3.2 황산염을 포함한 용액에 노출된 콘크리트에 대한 요구 사항

황산염 노출 정도	토양 내에 수용성 황산염(SO_4) 중량(%)	물 속의 황산염 (ppm)	시멘트 종류	최대 물-결합재비 보통골재 콘크리트[1]	최소 설계기준강도 f_{ck} (MPa) 보통골재 혹은 경량골재 콘크리트[1]
무시	0.0~0.1	0~150	-	-	-
보통[2]	0.1~0.2	150~1,500	플라이 애쉬 시멘트 중용열 포틀랜드 시멘트(2종) 고로 슬래그 시멘트 보통 포틀랜드 시멘트(1종)+포졸란[3]	0.50	27
심함	0.2~2.0	1,500~10,000	내황산염 포틀랜드 시멘트(5종)	0.45	30
매우 심함	2.0 초과	10,000 초과	내황산염 포틀랜드 시멘트(5종)+포졸란[4]	0.45	30

주 1) 동결 융해 또는 매입 물질의 침식에 대한 보호 또는 낮은 침투성을 위해서는 보다 낮은 물-결합재비나 높은 강도가 요구됨.
2) 바닷물
3) 포졸란에 대한 규격 및 사용량은 바닷물 및 황산염에 대한 저항성을 개선시킬 수 있다는 사실과 실험에 의해 증명된 포졸란
4) 5종 시멘트가 포함된 콘크리트에 사용될 때, 황산에 대한 저항을 개선시킬 수 있다는 사실과 실험에 의해 증명된 포졸란

3) 피복 두께

고내구성이 요구되는 구조체의 경우, 해안에서 250 m 이내에 위치하는 구조체로서 추가의 표면 처리 공사를 수행하지 않고 직접 외부에 노출되어 염해를 받는 경우, 유수 등에 의한 심한 침식 또는 화학작용을 받는 경우에는 피복 두께를 적절히 증가시켜야 하며, 표 3.3의 값 이상의 피복 두께를 확보하도록 규정하고 있다.

4) 염소 이온 함유량

철근의 부식 방지를 위해서 굳지 않은 콘크리트의 총 염소 이온량은 원칙적으로 0.30 kg/m³ 이하로 해야 한다. 다만 책임 기술자의 승인을 받는 경우 0.60 kg/m³까지 허용될 수 있다. 그러나 이미 굳은 콘크리트의 총 염화물 이온량에 대한 검토가 염소 이온 농도에 의해 이루어질 경우, 표 3.4의 값으로 검토할 수 있다.

표 3.3 부식 환경에 노출되는 콘크리트의 피복 두께의 최소 값(mm)

부 재 \ 콘크리트 종류	현장치기 콘크리트	프리캐스트 콘크리트
벽체, 슬래브	50 (D16 이하의 철근 사용)	40
기타 부재	80	50

표 3.4 철근 부식 방지를 위한 최대 수용성 염소 이온 비율

부재의 종류	콘크리트 속의 최대 수용성 염소 이온(Cl^-), 시멘트의 중량에 대한 비(%)
프리스트레스트 콘크리트	0.06
염화물에 노출된 철근 콘크리트	0.15
건조 상태이거나 또는 습기로부터 차단된 철근 콘크리트[1]	1.00
기타 콘크리트	0.30

주 1) 외부 대기 조건에 노출되지 않고 습기로부터 차단된 건조한 상태의 실내 구조체의 콘크리트

3.2.3 콘크리트 표준시방서 해양 콘크리트 편(2009)

1) 물-결합재비

해양 콘크리트 구조물에서 내구성으로부터 정해지는 물-결합재비의 최대 값은 표 3.5의 값을 표준으로 하고, AE콘크리트로 된 무근 콘크리트 구조물의 내구성을 고려한 최대 물-결합재비는 표 3.5의 값에 10 퍼센트 정도 더한 값으로 해도 좋으며, 육상 구조물이라도 조풍의 작용을 심하게 받는 경우, 표 3.5의 해상 대기중에 상당하는 물-결합재비를 적용해야 한다. 또한 해수 또는 조수 간만의 영향을 받으며 콘크리트를 타설해야 하는 시공 조건이 나쁜 현장 시공의 경우, 최대 물-결합재비의 값은 표 3.5의 값보다 5 퍼센트 정도 적게 하는 것이 좋다고 규정하고 있다.

2) 단위 결합재량

단위 결합재량을 크게 하면 균질하고 밀실한 콘크리트가 되므로 해수 중의 각종 염류의 화학적 침식, 콘크리트 속의 강재의 부식 등에 대한 저항성이 커지므로 단위 시멘트양은 구조물의 규모, 중요성 및 환경 조건 등을 고려하여 소요의 내구성이 얻어지도록 정해야 한다. 해양 철근 콘크리트 및 프리스트레스트 콘크리트 구조물에서 내구성으로 정해지는 단위 결합재량은 표 3.6의 값 이상으로 하는 것이 좋으나 단위 결합재량이 너무 많으면 얇은 단면과 두꺼운 단면에서는 각각 건조 수축과 수화열에 의한 온도 응력으로 인하여 콘크리트의 균열 발생 가능성이 커지므로 주의해야 한다고 규정하고 있다.

표 3.5 내구성으로 정해진 AE콘크리트의 최대 물-결합재비(%)

환경 구분 \ 시공 조건	일반 현장 시공의 경우	공장 제품 또는 재료의 선정 및 시공에서 공장 제품과 동등 이상의 품질이 보증될 때
(a) 해중	50	50
(b) 해상 대기중[1]	45	50
(c) 물보라 지역[2]	40	45
(d) 간만대 지역[3]	40	45

주 1) 해상 대기중이란 물보라의 위쪽에서 항상 조풍을 받으며 파도의 물보라를 가끔 받는 열악한 환경을 말함.
2) 물보라 지역은 평균 만조면에서 파고의 범위에, 간만대 지역은 평균 간조면에서 평균 만조면 사이의 범위로서, 조석의 간만, 파랑의 물보라에 의한 건습의 반복 작용을 받는 내구성 면에서 가장 열악한 환경이기 때문에 콘크리트 속의 강재 부식, 동해, 화학적 침식 등의 손상을 받을 가능성이 큼.
3) 실적, 연구 성과 등에 의하여 확증이 있을 때에는 물-결합재비를 위 값에 5 퍼센트 정도 더한 값으로 할 수 있음.

표 3.6 내구성으로 정해지는 최소 단위 결합재량(kg/㎥)

환경 구분 \ 굵은 골재의 최대 치수(mm)	19	25	40
물보라 지역, 간만대 및 해상 대기중	340	330	300
해중	310	300	280

표 3.7 콘크리트 공기량의 표준 값(%)

환 경 조 건		굵은 골재의 최대 치수(mm)		
		19	25	40
동결 융해 작용을 받을 염려가 있는 경우	(a) 물보라, 간만대 지역	6	6	5.5
	(b) 해상 대기중	5	4.5	4.5
동결 융해 작용을 받을 염려가 없는 경우[1]		4	4	4

주 1) 동결 융해 작용을 받을 염려가 없는 경우란, 항상 해중에 있는 구조물로 기온이 0 ℃ 이하로 되는 일이 거의 없는 경우를 말함.

3) 설계기준강도

해양 콘크리트 구조물에 쓰이는 콘크리트의 설계기준강도는 최소 30 MPa 이상으로 해야 한다고 규정되어 있다.

4) 공기량

해양 콘크리트 구조물에 쓰이는 AE 콘크리트의 공기량은 표 3.7의 값을 표준으로 하며, 해양 콘크리트는 해수중의 염화물의 작용을 받아 내동해성이 감소되므로 물보라 지역 및 간만대 지역과 해상 대기중에서도 눈이 녹은 물의 영향을 가끔 받는 부재의 경우에 굳지 않은 콘크리트의 공기량은 표 3.7의 (a)의 값을 표준으로 하고, 이때 공기량의 허용오차는 ±1.5 퍼센트로 한다고 규정되어 있다. 설계기준강도가 35 MPa 이상인 경우, 굳지 않은 콘크리트의 공기량은 표 3.7의 값에서 1.0 퍼센트 감소한 값으로 할 수 있다.

3.2.4 콘크리트 표준시방서 내구성 편(2004)

국내 『콘크리트 표준시방서 내구성 편』은 일본토목학회의 『콘크리트 표준시방서 내구성 조사형』(2000)과 같은 맥락으로 콘크리트 구조물이 소요의 성능을 설계 내용 기간에 걸쳐 유지하는 것을 확인하는 방법을 제시하고 있다. 표준시방서의 내구성 평가는 콘크리트 구조물의 공사 착수 전에 시공될 콘크리트 구조물의 내구성에 영향을 미치는 각종 성능 저하 원인에 대해서 시공될 콘크리트 구조물과 시공에 사용될 콘크리트에 대해 각각 요구되는 내구 성능 예측 값과 내구 성능 특성 값을 비교함으로써 수행된다. 시공될 콘크리트 구조물에 대한 내구성 평가는 내구 성능 예측 값에 환경계수를 적용한 소요 내구성 값을 내구 성능 특성 값에 내구성 감소계수를 적용한 설계 내구성 값과 비교함으로써 수행된다.

따라서 염소 이온 침투에 의한 콘크리트 구조물의 내구성은 식 (3.1)에 의해 평가한다.

$$\gamma_P \, C_d \ \leq \ \phi_K \, C_{\lim} \tag{3.1}$$

여기서, γ_P : 염해에 대한 환경계수 ; 일반적으로 1.11

ϕ_K : 염해에 대한 내구성 감소계수 ; 일반적으로 0.86

$C_{\lim}$: 철근 부식 임계 염소 이온 농도

C_d : 철근 위치에서 염소 이온 농도 예측 값

염해에 대한 콘크리트 구조물의 내구성 평가를 위한 염소 이온 농도는 콘크리트 중의 염소 이온의 확산에 관한 기초 방정식인 Fick의 제 2법칙을 유한요소법 또는 유한차분법을 사용하여 구하거나 식 (3.2)를 사용하여 구한다.

$$C_d - C_i = (C_0 - C_i)\left[1 - erf\left(\frac{x}{2\sqrt{D_d\, t}}\right)\right] \tag{3.2}$$

여기서, C_d : 위치 x(cm), 시간 t(년, 또는 sec)에서 염소 이온 농도의 설계 값(kg/m^3)

C_i : 초기 염소 이온 농도 ; 최대 값으로 0.3 kg/m^3

C_0 : 표면 염소 이온 농도

erf : 오차 함수, $erf(s) = \dfrac{2}{\pi^{1/2}} \displaystyle\int_0^s e^{-\lambda^2} d\lambda$

D_d : 염소 이온의 유효 확산계수 (cm^2/년, 또는 cm^2/sec), $D_d = \gamma_c \, D_k$

γ_c : 콘크리트의 재료 계수 ; 일반적으로 1.0이 사용되며, 구조물의 최상부에는 1.3

D_k : 콘크리트 염소 이온 확산계수의 특성 값(cm^2/년, 또는 cm^2/sec)

한편, 콘크리트 구조설계기준의 설계 개념인 강도설계법 개념에 일관되도록 내구성 평가 개념도 환경계수와 내구성 감소계수 등 안전계수가 도입된 강도설계법의 개념을 도입하고

있다. 환경계수는 시공될 콘크리트 구조물의 성능 저하 환경 조건에 대한 안전율로서 적용하며, 내구성 감소계수는 내구 성능 특성 값 및 내구 성능 예측 값의 정밀도에 대한 안전율로서 적용하고 있다. 또한 각 성능 저하 요인에 대해 내구적 안전율 α는 내구성 감소계수(ϕ)와 환경계수(γ)의 비로 정의된다($\alpha = \gamma/\phi$).

3.3 국외 내구성 설계 규정

3.3.1 국외 염해 관련 내구성 설계 규정 현황

일본의 경우에는 1980년대 초 염해 및 알칼리 골재 반응에 의한 콘크리트 구조물의 내구성 저하 현상이 사회적 이슈가 된 이후, 국토교통성을 중심으로 내구성 향상 기술을 개발하였고 이를 뒷받침하기 위하여 일본건축학회, 일본토목학회, 일본콘크리트공학협회가 중심이 되어 내구성 설계에 관한 연구를 추진하였다. 특히 국토교통성에서는 1999년 주택 품질 확보 촉진에 관한 법률을 제정하고 내구 성능 등급을 나누어 RC구조물의 목표 내용연수 동안의 내구 성능 평가 기준 설정 및 이에 따른 내구 성능 평가 방법을 제안하고 있다. 이러한 내구 성능 평가 방법은 2001년 이후 일본건축학회 및 일본토목학회의 표준시방서 및 지침 형태로 제시되고 있다.

유럽에서는 1996년 콘크리트 구조물의 내구성 설계 연구인 DuraCrete Project가 시작되어 2000년에 연구보고서를 발간하였다. 그 이후 유럽의 교량 및 터널의 내구성 설계에 DuraCrete 방법이 적용되고 있으며, 국내에서는 GK Project에 처음으로 적용되었으며, 최근 유럽콘크리트협회인 fib가 DuraCrete 방법을 내구성 모델로 채택한 바 있다. 미국에서는 ACI를 중심으로 콘크리트 내구성과 관련된 협회들이 컨소시엄을 구성하여 수명 예측 프로그램인 Life-365를 개발하였으며, 실제 콘크리트 구조물의 내구성 설계에 사용하고 있다.

3.3.2 일본

1) 일본토목학회 내구성 설계 지침(1995)

콘크리트 구조물에 대한 내구 설계의 기본적인 개념, 적용 시스템, 내구성 확보를 위한 기본 사양, 설계 내구 수명의 산정 방법 등을 정리하여 염해 및 중성화에 의한 열화 과정에 대한 내구 설계를 할 수 있도록 정리되어 있다.

콘크리트 구조물의 내구성에 대한 검토는 기본 및 표준 규정을 검토하여 설계 조건을 설정한 후 이에 따른 염해 및 중성화에 대한 설계 내구 수명(T_s)을 계산하여 T_s가 목표 내구 수명(T_d) 이상이면 목표하는 내구 수명 동안 구조물이 내구성을 유지되도록 설계하도록 되어 있다.

$$T_s \geq T_d \tag{3.3}$$

여기서, 목표 내구 수명(T_d)은 해당 콘크리트 구조물의 중요도, 규모, 종류, 공용 기간, 유지 관리 수준 및 경제성 등을 고려하여 설정된 구조물이 내구성을 유지해야 하는 기간을 말한다. 설계 내구 수명(T_s)은 콘크리트 구조물이 한계상태에 이르기까지의 기간으로 구체적으로는 철근 부식에 의해 유해한 균열이 발생하기까지의 기간을 말한다.

2) 일본콘크리트공학협회 내구성 설계 지침(안) (1998)

일본콘크리트공학협회에서 제안한 내구성 설계 방법은 콘크리트 구조물의 목표 내구 연한 동안의 내구성 확보 여부를 균열폭, 시공 조인트, 거푸집의 종류, 양생 기간 등과 같은 기본적인 설계·시공 사항과 함께 중성화 및 염해의 정도를 고려하여 평가한다.

콘크리트 구조물의 내구성에 대한 검토는 기본 및 표준 사양을 검토하여 설계 조건을 설정한 후 열화 깊이(C_{de})가 등가 철근 피복 두께(C) 이하인지를 비교하여 수행한다.

$$C_{de} \leq C \tag{3.4}$$

열화 깊이(C_{de})는 콘크리트의 품질, 환경 조건 및 목표 내구 수명과 관련된 값으로 목표 내구 수명 동안에 열화에 의해 콘크리트의 성능이 저하된다고 판단되는 열화 깊이로 산출식은 다음과 같다.

$$C_{de} = A_X \frac{E_X}{Q_X \cdot Q_{DC}} \sqrt{t} \tag{3.5}$$

여기서, A_X : 0.4(중성화), 1.3(염해)

E_X : 중성화 및 염해에 따른 환경 계수

Q_X : 중성화 및 염해에 따른 품질 계수

Q_{DC} : 설계·시공에 따른 품질 계수

t : 목표 내구 수명(년)

등가 피복 두께(C)는 설계 철근 피복두께에 대해 시공 오차 및 표면 마감재를 고려하여 산출한 값으로 열화에 대해 저항할 수 있는 콘크리트의 능력을 나타내며, 산출 식은 다음과 같다.

$$C = C_o - C_e + C_a \tag{3.6}$$

여기서, C_0 : 설계 철근 피복 두께

C_e : 시공 오차에 의한 수정 값

C_a : 표면 마감재에 의한 가산 값

3.3.3 유럽

1) CEB-FIP Model Code 90 및 Euro Code

CEB-FIP Model Code 90및 Euro Code는 정량적으로 내구 연한을 산출하여 목표 내구 수명을 보장하는 내구 설계 기법은 제시하고 있지 않으나, CEB-FIP Model Code 90의 경우에는 Code에서 규정한 제반 규정을 준수하여 설계할 경우 50년 이상의 내구 수명을 확보할 수 있다고 제시하고 있다.

CEB-FIP Model Code 90에서 제안하고 있는 내구 수명 설계 개념은 구조물의 성능 저하 과정에 따른 내구 수명을 그림 3.1과 같이 초기 단계와 진행 단계로 구분하여 취급하고 있다. 그림 3.1에 따르면 초기 단계는 기능이나 재료 면에 있어 현저한 성능 저하가 발생하지 않으나 내구성을 유지하기 위한 콘크리트의 방어 기구가 환경적 요인에 의해 일부 파괴되기 시작하는 시점까지를 말한다.

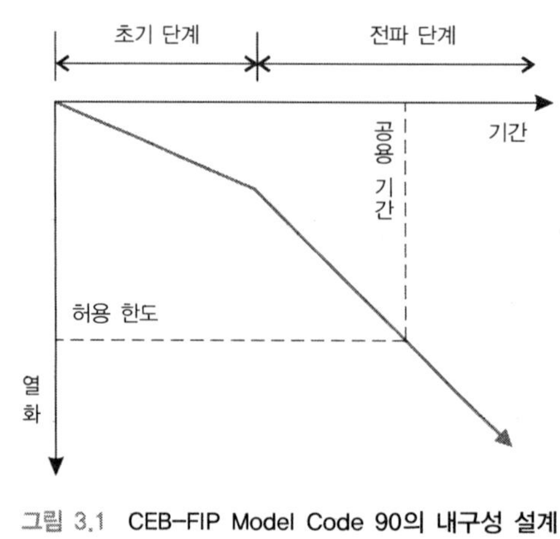

그림 3.1 CEB-FIP Model Code 90의 내구성 설계 개념

CEB-FIP Model Code 90에서는 성능 저하 과정에 기초하여 콘크리트 구조물의 내구 연한을 충족시키기 위해서 가능한 한 성능 저하의 초기 단계를 장기간 유지할 수 있도록 구조물의 내구성에 영향을 미치는 직·간접적인 작용들을 고려하여 내구성 설계를 하도록 되어 있다.

구체적인 내구성 설계 과정은 구조 설계의 일부분으로 다루고 있으며 구조물의 수명이 유지되는 동안 효용성을 크게 잃지 않는 범위에서 노출 등급에 따라 사용성, 강도, 안정성 등을 만족하도록 크게 다음과 같은 사항들, 즉 ① 환경 조건, ② 콘크리트의 품질, ③ 피복 두께, ④ 시멘트 종류 및 사용량, ⑤ 물-시멘트비(W/C), ⑥ 양생 방법 등을 고려하도록 되어 있다.

그밖에 콘크리트 구조물의 내구성을 확보하기 위해서는 노출 환경, 콘크리트 품질, 피복 두께와 같은 주요소 외에도 구조물의 형상, 구조물의 보호 대책, 시공 및 유지 관리와 같은 보조 요소에 대한 고려가 필요하다고 규정하고 있다. 특히, 큰 하중이 재하되는 경우에는 하중에 의해 발생하는 균열폭을 제한해야 한다고 규정하고 있다.

2) CEB-FIP New Approach (1997)

1997년 유럽의 CEB-FIP에서는 콘크리트 구조물의 명확하고 일반적인 내구 설계 과정을 확립하기 위해 내구 한계상태에 대한 정량화 및 확률론적인 접근 방법을 통한 내구 설계의 새로운 개념을 제시하였다. 그러나 이러한 내구 설계 방법은 현재까지 수준에서는 중성화에 대한 예제만 제시하고 있어, 콘크리트 구조물의 내구성 설계 방법을 구조 설계와 동일한 수준으로 확립하기 위해서는 많은 추가적인 연구가 필요하다고 볼 수 있다.

CEB의 새로운 내구 설계 모델에서는 그림 3.2와 같이 콘크리트 구조물의 내구 설계를 위한 한계상태(Durability limit state)로서 의도 사용 기간 개념(Intended service period concept)과 수명 개념(Life time concept)의 두 가지를 제시하고 있다.

의도 사용 기간 개념에 의한 조건은 다음과 같이 설계 사용 기간(T) 중에 일정한 신뢰성을 가지는 극한 상태에 도달하지 않도록 하는 것이다.

$$P_{f,t} = P[R(t) - S(t) < 0]_T < P_{target} \tag{3.7}$$

여기서, $P_{f,t}$: 0-T 기간 안에 구조물이 파괴될 확률

수명 개념의 경우, 구조물의 신뢰성은 설계 수명이 초과되는 확률과 관계된다. 수명 개념은 하중 설계에 대한 확률식을 다음과 같이 수명 함수로 변환해야 한다.

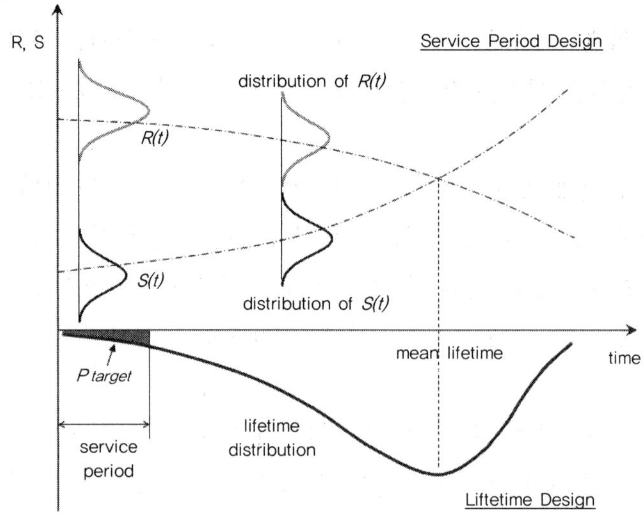

그림 3.2 Service period design과 Life time design의 비교

$$L = f(R,\ S) \tag{3.8}$$

사용 목적에 따른 모델링의 정의와 모델 수준은 표 3.8과 같이 세 가지로 구분되며, 구조물이 놓이는 환경은 표 3.9와 같이 구분하고 있다. 환경의 정의와 내구 수명에 대한 설계 과정은 양쪽 모두 세 가지 다른 수준에서 취급될 수 있으며, Macro, Meso, Micro의 의미는 환경의 정의와 내구 수명 설계 과정에 따라 다르다. 새로운 내구 설계 개념에 따라 수행되어야 할 설계 특성으로는 ① 콘크리트의 품질, ② 지배 환경의 설정, ③ 한계 상황의 설정을 들 수 있다.

표 3.8 내구 설계를 위한 모델 수준

Macro-level 설계	최소요구사항규정의 적용(최소 단위 시멘트 양, 최대 물-시멘트비 등)
Meso-level 설계	단순화된 엔지니어링 모델을 사용한 설계. 즉, 요구되는 피복 두께의 계산
Micro-level 설계	콘크리트와 미소 환경 사이의 물리-화학적 모델을 사용한 설계

표 3.9 환경의 분류

Regional climate	구조물이 위치한 지역의 기후 조건
Local climate	구조물 주위의 기후 조건
Micro climate	특정 콘크리트 표면의 기후 조건

표 3.10 콘크리트 50년 사용 수명에 대한 허용 규준

보수 비용에 대한 위험도 완화 비용 수준	신뢰 수준	파괴 확률
낮음	3.72	0.0001
보통	2.57	0.005
높음	1.28	0.10

3) DuraCrete (2000)

내구성 설계의 기본적인 목표는 염소 이온 침투 및 탄산화 등 고려하는 열화 메커니즘에 대하여 적절한 수준의 안전도를 확보하는 데 있으며, 기본적인 설계 개념은 일반적인 구조 설계 과정과 마찬가지로 성능 기반의 하중저항계수설계법(LRFD)에 근거하고 있다. 이러한 개념하에 특정 사용 기간, 즉 목표 내구 수명 동안에 구조물이 각종 열화 요인에 대해 성능을 유지할 수 있도록 재료 배합 및 구조 상세를 선정하고 적용하게 된다.

부분계수들은 설계된 구조물이 고려하는 각각의 한계상태에 대하여 일정한 신뢰 수준을 갖도록 도입되었으며, 이 신뢰 수준은 아래와 같이 목표 신뢰 수준을 확보하기 위한 설계 및 시공 비용과 수명 기간 동안에 그 신뢰 수준을 유지하기 위한 유지/보수비용 등을 고려하여 결정된다. 따라서 아래와 같이 신뢰성 지수 β를 도입하여 허용 수준을 정의하고 있다.

$$\beta = -\Phi^{-1}(P_f) \tag{3.9}$$

표 3.10은 50년 사용 수명에 대한 허용 규준을 보여주고 있다.

(1) 내구성 설계식

철근 주위의 염소 이온 농도가 임계 값을 넘으면 부식이 개시되며, 다음과 같이 한계상태 방정식, 즉 설계 방정식을 나타낼 수 있다.

$$g = c_{cr}^d - c^d(x,t) = c_{cr}^d - c_{s,cl}^d\left[1 - erf\left(\frac{x^d}{2\sqrt{\frac{t}{R_{cl}^d(t)}}}\right)\right] \tag{3.10}$$

(2) 설계 변수

- 임계 염소 이온 농도 (c_{cr}^d) : $c_{cr}^d = c_{cr}^c \cdot \frac{1}{\gamma_{c_{cr}}}$
- 표면 염소 이온 농도 ($c_{s,cl}^d$) : $c_{s,cl}^d = A_{c_{s,cl}} \cdot (w/b) \cdot \gamma_{c_{s,cl}}$

여기서, $A_{c_{s,cl}}$는 표면 염소 이온 농도와 w/b 사이의 관계를 나타내는 회귀분석 상수이다.

• 피복 두께 : $x^d = x^c - \Delta x$, Δx =피복 두께의 여유분

• 시간에 따라 변화하는 저항의 설계 값 :

$$R_{cl}^d(t) = \frac{R_{cl,0}^c}{k_{e,cl}^c \cdot k_{c,cl}^c \cdot \left(\frac{t_0}{t}\right)^{n_c^c} \cdot \gamma_{R_{cl}}}$$

여기서, $R_{cl,0}$ = 준수성 시험(compliance test)으로 구한 염소 침투에 대한 저항

$k_{c,cl}$ = 양생계수(curing factor)

$k_{e,cl}$ = 환경계수(environment factor)

t_0 = 준수성 시험(compliance test)이 수행된 때의 콘크리트 재령

n_{cl} = 재령계수(age factor)

$\gamma_{R_{cl}}$ = 염해 저항에 대한 부분계수

(3) 특성 값

• 구조물의 기하학적인 양 : 콘크리트 피복 두께는 평균값으로 정의되며 부분계수를 적용하지 않는다.

• 재료 변수 : 콘크리트의 종류에 따라 Rapid Chloride Migration Test(RCM) 등과 같은 방법에 의하여 주어진 콘크리트의 유효 저항 값을 결정할 수 있으며, 재료 변수 특성 값은 확률 분포 곡선의 5% 분위수로 정의된다.

• 환경 변수 : 평균값으로 정의되며, 환경 변수의 분산은 품질 관리, 검사 계획 및 추후 보수 전략과 무관하며, 설계 값은 특성 값 및 부분계수만 상관이 있다.

• 시공 변수 : 평균값으로 정의되며, 시공 변수의 분산은 품질 관리의 정도와 무관하므로 표 3.11의 값을 적용할 수 있다.

표 3.11 양생계수(curing factor)의 특성 값

변 수	환경 조건	특성 값	단 위
$k_{c,cl}$	1일 양생	2.08	-
	3일 양생	1.50	-
	7일 양생	1	-
	28일 양생	0.79	-

• 재료 및 환경 모두에 따라 변화하는 변수 : 평균값을 특성 값으로 하며, 유사한 환경에 시공된 동일한 구조물의 정보로부터 결정할 수 있다. 그러나 정보가 충분하지 않은 경우 표 3.12의 값을 활용할 수 있다. 특성 값의 산정은 다음과 같은 환경 구분에 따라 주어진다.

1) Submerged (해중)
2) Tidal zone (간만대)
3) Splash zone (비말대)
4) Atmosphere zone (해상 대기중)

(4) 부분계수

부분계수는 해양 환경과 제빙 화학제가 살포된 환경의 구조물에 따라 각각 별도로 적용한다. 기타 자세한 내용은 DuraCrete 보고서(2000)을 참조한다.

표 3.12 서로 다른 환경과 재료에 대한 환경계수의 특성 값

변 수	환경 조건	특성 값
$k_{e,cl}$	OPC, 해중	1.32
	OPC, 간만대	0.92
	OPC, 비말대	0.27
	OPC, 해상 대기중	0.68
	GGBS, 해중	3.88
	GGBS, 간만대	2.70
	GGBS, 비말대	0.78
	GGBS, 해상 대기중	1.98

표 3.13 해양 환경하의 구조물에 대한 부분계수

보수 비용에 대한 위험도 완화 비용 수준	높음	보통	낮음
Δx [mm]	20	14	8
$\gamma_{c_{cr}}$	1.20	1.06	1.03
$\gamma_{c_{s,cl}}$	1.70	1.40	1.20
$\gamma_{R_{cl}}$	3.25	2.35	1.50

표 3.14 제빙 화학제에 노출된 구조물의 부분계수

보수 비용에 대한 위험도 완화 비용 수준	높음	보통	낮음
Δx [mm]	16.0	12.0	6.0
$\gamma_{c_{cr}}$	1.08	1.05	1.03
$\gamma_{c_{s,cl}}$	3.30	2.30	1.60
$\gamma_{R_{cl}}$	2.85	2.00	1.25

3.3.4 미국

1) 미국(ACI 318–08)의 내구성 설계 관련 규정

미국의 ACI 318-08 Code의 경우도 유럽의 CEB-FIP Code 90과 마찬가지로 콘크리트 구조물의 내구 설계를 구조 설계의 일부분으로 취급하고 있다. 국내의 내구성 설계 기준은 2008년 이전의 ACI-318 규정을 인용하고 있으며, 「ACI 318-08」 에서는 적절한 내구성의 필요 사항들을 노출 등급에 따라 최대 물-결합재비와 최소 설계기준강도 등을 규정함으로써 광범위하게 개정되었다.

「ACI 318-08」의 내구성 기준에서는 CEB-FIP Code 90과 흡사하게 표 3.15와 같이 4종류의 환경 노출 등급을 제시하고 있다. 구체적으로는 (i) 노출 범주 F－제빙 화학제가 사용되거나 수분과 동결 융해의 반복 작용에 노출된 외부 콘크리트에 적용된다.

(ii) 노출 범주 S－표 3.15에 정의된 것과 같이 수용성 황산염 이온을 유해한 정도로 포함한 물 또는 흙과 접하고 있는 콘크리트에 적용된다.

(iii) 노출 범주 P－낮은 투수성이 요구되는 콘크리트가 물과 접촉하고 있는 경우에 적용된다.

(iv) 노출 범주 C－철근의 부식을 방지하기 위해 추가적인 방식이 요구되는 철근 콘크리트와 프리스트레스 콘크리트에 적용된다. 각각의 범주 안에서 노출의 심각성에 따라 숫자의 값이 증가할수록 점점 더 심각한 노출 환경을 나타내는 것으로 등급을 정의하였다.

「ACI 318-08」의 내구성 기준에서는 콘크리트 구조물이 동결 융해나 황산염에 노출될 위험이 있다고 여겨지는 경우의 대처 방안과 철근의 부식 방지를 위한 콘크리트 내의 최대 염소 이온 농도를 규정하고 있다. 콘크리트 배합은 표 3.15에 제시된 노출 등급에 근거하여 표 3.16의 요구 조건에 따라 정해야 한다고 규정하고 있다. 철근의 부식을 방지하기 위해서는 28일 이상, 42일 이하 재령의 경화된 콘크리트로부터 수용성 염소 이온 농도가 표 3.16의 한계 값을 초과해서는 안 되며, 물에 용해되는 염소 이온 농도는 ASTM C 1218의 시험 방법으로 측정해야 한다고 규정하고 있다.

표 3.15 노출 범주 및 등급

<table>
<tr><th>범주</th><th></th><th>등급</th><th colspan="2"></th></tr>
<tr><td rowspan="4">F
(동결 융해)</td><td>무시</td><td>F0</td><td colspan="2">동결 융해의 반복 작용에 노출되지 않음.</td></tr>
<tr><td>보통</td><td>F1</td><td colspan="2">간혹 수분과 접촉하고 동결 융해의 반복 작용에 노출된 콘크리트</td></tr>
<tr><td>심함</td><td>F2</td><td colspan="2">지속적으로 수분과 접촉하고 동결 융해의 반복 작용에 노출된 콘크리트</td></tr>
<tr><td>매우 심함</td><td>F3</td><td colspan="2">제빙 화학제에 노출되며 지속적으로 수분과 접촉하고 동결 융해의 반복 작용에 노출된 콘크리트</td></tr>
<tr><td rowspan="5">S
(황산염)</td><td colspan="2"></td><td>토양 내 수용성 황산염의 질량비(%)</td><td>물속에 용해된 황산염 (ppm)</td></tr>
<tr><td>무시</td><td>S0</td><td>$SO_4 < 0.10$</td><td>$SO_4 < 150$</td></tr>
<tr><td>보통</td><td>S1</td><td>$0.10 \le SO_4 < 0.20$</td><td>$150 \le SO_4 < 1,500$, 해수</td></tr>
<tr><td>심함</td><td>S2</td><td>$0.20 \le SO_4 < 2.00$</td><td>$1,500 \le SO_4 \le 10,000$</td></tr>
<tr><td>매우 심함</td><td>S3</td><td>$SO_4 > 2.00$</td><td>$SO_4 > 10,000$</td></tr>
<tr><td rowspan="2">P
(낮은 투수성 요구)</td><td>무시</td><td>P0</td><td colspan="2">낮은 투수성이 요구되지 않고 수분과 접촉이 이루어지는 경우</td></tr>
<tr><td>적용</td><td>P1</td><td colspan="2">낮은 투수성이 요구되고 수분과 접촉이 이루어지는 경우</td></tr>
<tr><td rowspan="3">C
(철근 방식)</td><td>무시</td><td>C0</td><td colspan="2">건조하거나 수분으로부터 보호되는 콘크리트</td></tr>
<tr><td>보통</td><td>C1</td><td colspan="2">수분에 노출되었지만 외부의 염화물에 노출되지 않은 콘크리트</td></tr>
<tr><td>심함</td><td>C2</td><td colspan="2">제빙 화학제, 소금, 염수, 해수 또는 물보라 등과 같은 외부의 염화물과 수분에 노출된 콘크리트</td></tr>
</table>

표 3.16 노출 등급에 따른 내구성 요구 사항

<table>
<tr><td>노출
등급</td><td>최대
w/cm</td><td>최소 f'_c
(MPa)</td><td colspan="4">추가적인 최소 요구 사항</td></tr>
<tr><td></td><td></td><td></td><td colspan="3">공기량</td><td>결합재에 대한 제한</td></tr>
<tr><td>F0</td><td>N/A</td><td>17</td><td colspan="3">없음</td><td>없음</td></tr>
<tr><td>F1</td><td>0.45</td><td>31</td><td colspan="3">Table 4.4.1(ACI 318-08)</td><td>없음</td></tr>
<tr><td>F2</td><td>0.45</td><td>31</td><td colspan="3">Table 4.4.1(ACI 318-08)</td><td>없음</td></tr>
<tr><td>F3</td><td>0.45</td><td>31</td><td colspan="3">Table 4.4.1(ACI 318-08)</td><td>Table 4.4.2
(ACI 318-08)</td></tr>
<tr><td colspan="3" rowspan="2"></td><td colspan="3">결합재의 종류</td><td rowspan="2">염화칼슘
혼화제 사용</td></tr>
<tr><td>ASTM C150</td><td>ASTM C595</td><td>ASTM C1157</td></tr>
<tr><td>S0</td><td>N/A</td><td>17</td><td>제한 없음</td><td>제한 없음</td><td>제한 없음</td><td>제한 없음</td></tr>
<tr><td>S1</td><td>0.50</td><td>28</td><td>Ⅱ</td><td>IP (MS)
IS (<70)
(MS)</td><td>MS</td><td>제한 없음</td></tr>
<tr><td>S2</td><td>0.45</td><td>31</td><td>V</td><td>IP (HS)
IS (<70)
(HS)</td><td>HS</td><td>허용되지 않음</td></tr>
<tr><td>S3</td><td>0.45</td><td>31</td><td>V
포졸란 또는
슬래그</td><td>IP (HS)
포졸란 또는
슬래그</td><td>HS
포졸란 또는
슬래그</td><td>허용되지 않음</td></tr>
<tr><td>P0</td><td>N/A</td><td>17</td><td colspan="4">없음</td></tr>
<tr><td>P1</td><td>0.50</td><td>28</td><td colspan="4">없음</td></tr>
<tr><td colspan="3" rowspan="2"></td><td colspan="3">콘크리트 내 최대 수용 염소 이온(Cl^-)량
(시멘트 중량비)</td><td rowspan="2">관련 조항</td></tr>
<tr><td colspan="2">철근 콘크리트</td><td>프리스트레스
콘크리트</td></tr>
<tr><td>C0</td><td>N/A</td><td>17</td><td colspan="2">1.00</td><td>0.06</td><td rowspan="2">없음</td></tr>
<tr><td>C1</td><td>N/A</td><td>17</td><td colspan="2">0.30</td><td>0.06</td></tr>
<tr><td>C2</td><td>0.40</td><td>35</td><td colspan="2">0.15</td><td>0.06</td><td>7.7.6, 18.16
(ACI 318-08)</td></tr>
</table>

2) 미국콘크리트학회(ACI) 내구성 관련 위원회의 콘크리트 내구성 관련 규정

ACI 201 위원회의 보고서(2006)인 "Guide to Durable Concrete"는 콘크리트가 동결 융해, 화학적인 침식, 마모 및 알칼리-골재 반응, 철근 부식 등에 의해 영향을 받는 경우에 대한 손상 메커니즘과 이에 따라 요구되는 제어 대책들을 제시하고 있으며, 이외에도 철근이 부식되거나 콘크리트 구조물이 손상되었을 경우의 보수 과정, 콘크리트 구조물의 내구성을 높이기 위한 보호 체계 등에 대해서도 소개하고 있다.

ACI 210 위원회(1998)의 보고서인 "Erosion of Concrete in Hydraulic Structures"는 수리 구조물의 침식에 대한 원인, 제어 및 유지·보수에 관한 사항을 다루고 있다. 이러한 수리 구조물의 침식 원인으로는 공동 현상(Cavitation), 표면 마모(Abrasion), 화학적인 침식 등을 들 수 있으며, 설계 요인, 재료의 선택과 품질, 환경 요소 및 기타 요인들에 대한 적절한 고려를 통해 이들 원인에 의한 콘크리트 구조물의 침식을 제어할 수 있음을 밝히고 있다.

ACI 362 위원회(1997)의 보고서인 "Guide for the Design of Durable Parking Structures"는 주차장 구조물의 내구성과 관련하여 철근 부식, 동결 융해 작용, 균열, 물의 고임, 물의 침투에 의한 콘크리트 탈락(Spalling), 주행 표면의 박리(Delamination), 이음부와 균열부의 누수 현상 등에 대한 고려가 필요하며, 특히 제빙 화학제에 의한 구조물의 열화에 주의해야 한다고 제시하고 있다. 중요하게 다루고 있는 내구성 관련 사항은 부식에 대한 저항성, 물-시멘트비, 철근 피복 두께, 철근 및 콘크리트의 코팅, 부식 억제제 및 동결 융해에 대한 저항성을 들 수 있다.

마지막으로 ACI 357 위원회(1997) 보고서인 "State of the Art Report on Offshore Concrete Structures for the Arctic"에서는 적절한 재료, 배합비, 시공 과정 및 품질 관리에 의해 내구성을 가진 콘크리트를 제조할 수 있으며, 강도가 크고 조밀한 골재의 사용과 낮은 물-시멘트비 및 습윤 양생에 의해 해양 환경에서 40년 이상 내구성을 유지하는 콘크리트 구조물을 만들 수 있다고 기술하고 있다. 한편, 해양 구조물의 내구성을 검토하기 위해서는 3가지의 노출 조건, 즉 해수에 의해 지속적으로 잠겨 있는 해중, 건습을 지속적으로 반복하는 비말대 및 대기 구역을 고려해야 한다고 명시하고 있다.

3) Life-365 프로그램에 의한 내구성 평가

미국 Life-365 Consortium에서는 염해에 대한 수치 모델을 적용하여 콘크리트 구조물의 내구 수명 예측 및 보수를 실시하는 경우에 생애주기 비용 분석(LCCA)을 수행할 수 있는 Life-365 프로그램을 개발하였으며, 2008년 v2.0을 출시하였다. Life-365의 염해에 대한 내구성 예측 모델의 개념은 다음과 같다.

i) 부식 발생 개시 시간의 예측 t_i(Initiation period)

ii) 강재의 부식이 허용 성능 저하 한계에 도달하는 시간의 예측 t_p(Propagation period)
여기서, 최초 보수 시기 $t_r = t_i + t_p$이다.

iii) 최초 보수 시기 후의 보수 일정의 결정

iv) 최초 콘크리트 비용과 보수 비용을 기초로 한 생애주기비용 산정

(1) 부식 개시 기간 예측

부식 개시 기간 t_i는 콘크리트 피복을 통하여 철근 위치에 염소 이온이 축적되어 강재 부식이 발생되는 시기이며, 바꾸어 말하면 임계 부식 염소 이온 농도 C_t가 콘크리트 피복 x_d에 도달한 시기를 말한다. Life-365에서는 기본적으로 염소 이온의 확산을 Fick의 제 2법칙을 이용하여 염분의 침투를 계산하고 있다. 특이한 사항은 염소 이온 확산계수가 시간과 온도의 함수이다는 것이다. 확산계수는 식 (3.11)을 이용하여 산정하며, 확산계수는 30년까지 타당한 것이 입증되어 있다.

$$D(t) = D_{ref}\left(\frac{t_{ref}}{t}\right)^n \tag{3.11}$$

여기서, $D(t)$ = 시간 t 에서의 확산계수

D_{ref} = 기준 시간 t_{ref}에서의 확산계수, 일반적으로 28일

n = 배합에 따라 정해지는 재령계수

또한 확산은 온도에 매우 민감하기 때문에 합리적인 염소 이온 침투 예측을 위해서는 실험에 의해 확산계수를 측정하거나 또는 경험식에 의해 확산계수를 추정한 경우 이를 온도에 대해 보정해야 한다. 확산계수와 온도와의 관계는 식 (3.12)와 같이 표현된다.

$$D(T)= D_{ref}\exp\left[\frac{U}{R}\cdot\left(\frac{1}{T_{ref}}-\frac{1}{T}\right)\right] \tag{3.12}$$

여기서, D_{ref} : 기준 시간, 기준 온도에서의 확산계수

T_{ref} : 기준 온도(℃), 일반적으로 20 ℃

U : 확산 활성화 에너지 (35,000 J/mol)

R : 기체상수 (8.314 J/K · mol)

T : 절대 온도(°K)

(2) 부식 개시 기간을 구하기 위한 입력 변수

① 표면 염소 이온 설정에 있어서는 최대 표면 염소 이온 농도 C_s를 정해 놓고 있으며, 지역에 따라 C_s에 도달하는 기간을 정하여 사용하고 있다.

② 온도는 그 지역의 기온 자료를 이용한다.

③ 기본적인 해석 입력 값은 다음과 같다.

28일 염소 이온 확산계수 : $D_{28} = 1 \times 10^{(-12.06 + 2.40\,W/B)}$ (m²/s) (3.13)

재령계수 : $n = 0.20$

부식 임계 염소 이온 농도 : $C_t = 0.05\,\%$(콘크리트 질량비)

④ 실리카 퓸 15 퍼센트 이하 치환의 경우 확산계수는 $D_{SF} = D_{PC}e^{-0.165SF}$을 사용하며, 실리카 퓸은 C_t와 n에는 영향을 미치지 않는다.

⑤ 플라이 애쉬나 슬래그를 사용한 경우, n은 다음과 같이 구하며 플라이 애쉬와 고로 슬래그의 최대 치환율은 각각 50 퍼센트와 70 퍼센트이다.

$$n = 0.2 + 0.4(\%FA/50 + \%SG/70) \tag{3.14}$$

⑥ 방청제를 사용한 경우에는 첨가율에 따라 부식 임계 염소 이온 농도 C_t 를 달리한다.

⑦ 멤브레인이나 실러를 사용한 경우에도 표면 염소 이온 농도 C_s를 재령에 따라 증가하는 값을 적용한다.

⑧ 에폭시 도막 철근의 경우, 허용 열화한계에 도달하는 기간을 조정하여 염해 억제 효과를 산정하고 있으며, 스테인리스 스틸의 경우는 $C_t = 0.50\,\%$로 상향 조정하여 산정하고 있다.

(3) 허용 열화한계에 도달하는 기간 예측

허용 열화한계에 도달하는 기간 t_p를 6년으로 고정하여 보수 시기 $t_r = t_i + 6$년으로 산정하고 있다. 에폭시 도막 철근을 사용한 경우는 t_p를 20년으로 산정하고 있으며 사용자에 의하여 조정할 수 있다.

04 장 확률론적 염해 내구성 설계 기법

4.1 내구성 설계 개요

현행 내구성 관련 설계기준 또는 시방 기준은 외부 환경 조건에 대해 내구성을 향상시키기 위한 피복 두께와 콘크리트 품질에 관한 요구 사항을 기술하고 있다. 그러나 이들 규정에서는 내구 수명에 대해 고려하지 않고 주로 기존 구조물에서 얻은 경험을 토대로 만족해야 할 요구 조건을 나타낸 것이기 때문에 설계자는 정확한 목표 내구 수명을 정의할 수 없고 발주자의 요구 사항에 대한 만족 여부를 확신할 수 없게 된다. 따라서 목표 내구 수명에 따라 정확한 설계의 성능 목표를 설정하고 콘크리트의 성능을 정확히 정량적으로 예측하기 위해 성능에 기반을 둔 내구성 설계 기법의 도입이 필요하다.

또한 내구성 설계를 위해서는 염해 메커니즘을 고려한 예측 모델을 수립해야 하고, 그 메커니즘에 관여하는 주요 설계 변수를 정의해야 한다. 이들 설계 변수에는 필연적으로 변동성이 포함되는데, 설계 결과의 신뢰도를 정량적으로 나타내기 위해 변동성을 정확히 반영하는 것이 중요하다. 이와 같이 설계 변수의 변동성을 고려하느냐에 따라 내구성 해석 방법은 결정론적 방법과 확률론적 방법으로 구분될 수 있다. 지금까지는 해석 변수의 변동성을 고려하지 않는 결정론적 방법이 대부분의 설계 기준이나 내구성 해석에서 적용되어 왔으나, 성능 기반 내구성 설계를 도입하기 위해 최근에는 해석 변수의 변동성을 확률론적

관점에서 정량화하는 확률론적 해석 기법의 도입이 모색되고 있다.

이 장에서는 이러한 확률론적 염해 내구성 설계를 위한 해석 모델과 해석 및 설계 절차, 그리고 확률 변수에 관해 서술한다.

4.2 확률론적 염해 내구성 해석 및 설계 절차

4.2.1 목표 내구 수명과 파괴 확률

구조물의 목표 수명은 구조물의 중요도 등을 감안하여 정해야 한다. 목표 내구 수명에 관한 국내외 규정을 살펴보면, "염해 및 탄산화에 대한 철근 콘크리트 구조물의 내구성 설계/시공/유지관리 지침(안)"(한국콘크리트학회, 2002)에서는 표 4.1과 같이 구조물의 목표 내구 수명을 구조물 등급에 따라 제시하고 각 내구 등급에 해당하는 구조물의 예를 명시하고 있다. 예컨대 교량, 고가도로, 지하철, 터널 등 주요 토목 구조물은 내구등급 1등급에 속한다. 콘크리트 표준시방서 내구성 편(한국콘크리트학회, 2004)에서도 표 4.1과 같이 정하고 있었지만 최근 개정판(한국콘크리트학회, 2009)에서는 내구성 편 관련 조항이 삭제된 바 있다.

일본의 경우 학회별로 콘크리트 구조물의 종류에 따른 표준 목표 내구 수명에 대해 제시하고 있다. 일본건축학회의 "철근 콘크리트 건축물의 내구성 설계 지침 및 동해설"(일본건축학회, 1991)에서는 표 4.1과 동일한 목표 내구 수명을 제시하고 있고, 일본콘크리트공학협회의 "철근 콘크리트 구조물의 내구성 설계 방안"(일본콘크리트공학협회, 1991) 및

표 4.1 구조물의 목표 내구 수명

구조물 등급	대상 구조물의 목표 수준	목표 내구 수명
1등급	특별히 높은 내구성이 요구되는 구조물	100년
2등급	높은 내구성이 요구되는 구조물	65년
3등급	비교적 낮은 내구성이 요구되는 구조물	30년

※ 한국콘크리트학회 콘크리트 표준시방서 내구성 편(2004), 한국콘크리트학회 염해 및 탄산화에 대한 철근 콘크리트 구조물의 내구성 설계/시공/유지관리 지침(2002), 일본건축학회 고내구성 철근 콘크리트조 설계 시공 지침(안) · 동해설(1991)

표 4.2 일본토목학회 및 콘크리트공학협회 기준의 목표 내구 수명

구조물의 종류	목표 내구 수명
특히 높은 내구성이 요구되는 구조물	100년
일반적인 구조물	50년
내구 수명이 짧아도 좋은 구조물	30년

※ 일본콘크리트공학협회(1991), 일본토목학회(1995)

표 4.3 영국 BS 7543의 목표 내구 수명

등 급	종 류	목표 내구 수명	예
1	일시적	10년까지	비영구적 가건물과 일시적인 전시관
2	단 기	최소 10년	일시적인 교실, 공정상 단기간 사용할 건물, 사무실 내부 건물 보수, 도소매점 건물
3	중 기	최소 30년	대부분의 공장 건물, 건물의 보수
4	일 반	최소 60년	새 체육관과 교육관, 새 건물과 공공 건물의 고품질의 보수
5	장 기	최소 120년	시립과 다른 고품질의 건물

일본토목학회의 "콘크리트 구조물의 내구 설계 지침(안)"(일본토목학회, 1995)에서는 표 4.2와 같이 제시하고 있다.

미국에서는 구조물의 내구 수명에 대하여 명확한 규정을 두고 있지는 않으나 일반적인 교량의 경우 50~60년, 주요 교량에 대하여는 100년까지 내구 수명을 설정하고 있으며, 지중에 매설되는 저준위 방사능 폐기물 저장고 설계에서는 목표 내구 수명을 500년 이상으로 설정한 사례도 있다(한국콘크리트학회, 염해 및 탄산화에 관한 철근 콘크리트 구조물의 설계/시공/유지관리 지침, 2002).

영국의 BS 7543에서는 건축 구조물에 대한 목표 내구 수명을 표 4.3과 같이 제시하고 있다.

그러나 영국을 제외한 다른 유럽 국가에서는 설계 기준에 목표 내구 수명을 명확하게 제시하고 있지 않은 경우가 많다. 벨기에에서는 일반적으로 교량 구조물에 대해서 목표 내구 수명을 약 50~100년으로 설정하고 있으며, 덴마크에서는 교량의 경우 평균적으로 50~70년으로 하고 있다. 반면에 덴마크 연안의 여러 섬을 장대 교량과 해저 터널로 연결하는 Great Belt 프로젝트에서는 목표 내구 수명을 최소 100년으로 요구한 바 있다(Edvarsen and

Mohr, 2000). 또 핀란드에서는 현재의 교량 구조물이 평균 35년 정도의 내구 수명을 가지고 있는 것으로 보고, 1990년 이후 일반적인 교량 구조물의 경우 최소 70년 이상의 내구 수명을 목표로 해야 한다고 명시하고 있으며, 강교량의 경우는 90년, 주요 교량에 대해서는 100년의 내구 수명을 추천하고 있다.

이와 같이 목표 내구 수명이 각국마다 다소 차이가 있지만 대략 토목 구조물에서는 최소 70~100년을 목표 내구 수명으로 설정하고 있는 것으로 판단된다. 우리나라도 최근 장대교량 프로젝트에서는 100년의 내구 수명을 목표로 하는 경우가 많다.

하지만 보다 합리적으로 목표 내구 수명을 설정하기 위해서는 총 수명 주기의 개념에서 접근하는 것이 필요하다. 즉, 모든 구조물마다 일률적으로 목표 내구 수명을 정하기보다는 설계 시의 목표 내구 수명을 짧게 설정해서 초기 비용을 낮추되 주기적인 유지 보수를 통해 구조물의 내구 수명을 점차 연장해 나가는 방안과, 초기 비용이 증가하더라도 유지 보수 비용을 줄일 수 있도록 목표 내구 수명을 길게 정하는 방안 중 총 수명 주기 비용의 측면에서 어느 쪽이 유리한지를 판단해서 특정 프로젝트마다 합리적으로 목표 내구 수명을 정하는 것이 바람직할 것이다.

마찬가지로 일반적으로 부식 개시 확률로 정의되는 파괴 확률을 어느 정도 수준으로 설정하느냐의 문제도 목표 내구 수명과 마찬가지로 총 수명 주기 측면에서 검토되어야 할 것이다. 파괴 확률을 너무 낮게 설정하면 신뢰도는 높아지지만, 그만큼 초기 비용이 너무 과다해질 우려가 있다. Duracrete(2000)이나 최근 추진되고 있는 유럽의 대규모 해상 구조물 프로젝트에서는 대체로 10 퍼센트의 파괴 확률을 적용하고 있다.

4.2.2 한계상태 방정식과 해석 모델

1) 내구 수명 모형과 한계상태

염해에 관한 콘크리트 구조물의 내구 수명 모형으로 가장 일반적인 것은 그림 4.1과 같은 2단계 모형으로, Tuutti(1982)가 제안한 모형 중 가장 단순한 형태이다(Clifton and Knab, 1989). 이 모형에 따르면 내구 수명 기간은 잠재기와 진전기의 두 단계로 구분된다. 잠재기는 염소 이온의 침투에 의해 철근의 부식이 시작되기 이전까지의 기간으로 염소 이온과 수분 등의 침투 속도가 지배적인 인자가 된다. 진전기는 철근의 부식이 시작된 이후부터 콘크리트의 균열, 박리 등으로 실질적인 구조물의 내하력 감소와 파괴가 발생하기까지의 기간을 의미한다. 이 기간은 부식 속도에 영향을 미치는 수분, 산소량 등이 중요한 지배 인자가 된다.

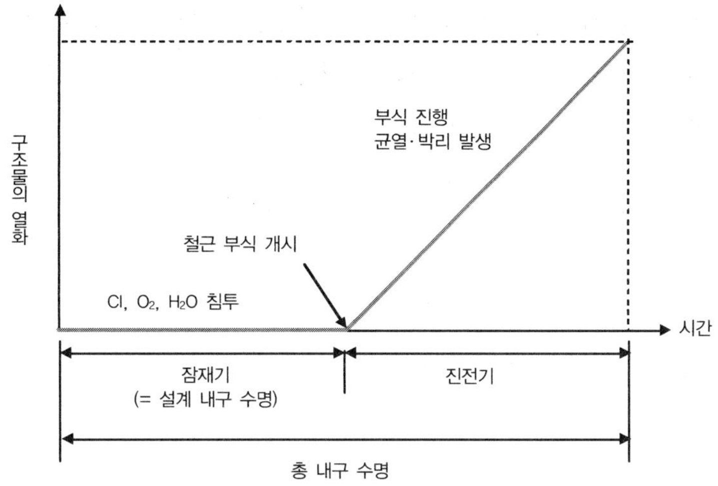

그림 4.1 **내구 수명 모형**

내구 수명 모형에서 총 내구 수명은 잠재기와 진전기를 모두 고려해야 하지만, 일반적으로 진전기는 매우 짧은 것으로 보고되고 있으므로, 내구성 설계에서는 잠재기, 즉 철근 부식의 발현까지의 기간을 내구 수명으로 정의한다. 그리고 이에 따라 한계상태는 "철근 위치에서의 염소 이온 농도가 부식이 발현되는 임계 염소 이온 농도에 도달하는 상태"로 정의된다.

2) 염소 이온 침투 예측 모델

(1) Fick의 제 2확산 법칙과 일반해

콘크리트 내부로 염소 이온이 침투하는 주요 메커니즘은 공극수 내에서 염소 이온의 확산(diffusion)과 염소 이온을 함유한 모세관 내부 공극수 자체의 이동(convection)으로 이루어진다. 그러나 일반적으로 외부 습도와 콘크리트 내부의 수분 분포가 거의 일정하다고 보면 공극수 자체의 이동은 무시할 수 있다. 따라서 다음과 같은 Fick의 제 2확산 법칙을 적용할 수 있게 된다.

$$\frac{\partial C}{\partial t} = D(t)\frac{\partial^2 C}{\partial x^2} \tag{4.1}$$

여기서, C는 시간 t (s) 동안 염분에 노출된 콘크리트의 표면으로부터 거리 x (m) 만큼 떨어진 위치에서의 염소 이온 농도(kg/m^3)이며, D는 콘크리트 염소 이온 확산계수 m^2/s)를 나타낸다.

확산계수 D가 시간에 따라 변화하지 않는다고 가정하고, 외부의 염소 이온 농도 역시 일정하며($C = C_{en}$ for $t \to \infty$), 콘크리트 내부의 초기 염소 이온 농도도 역시 일정하다고 가정하면($C = C_i$ at $t = 0$), 식 (4.1)의 해는 다음과 같이 구할 수 있다.

$$C_t = C_i + (C_s - C_i)\left[1 - erf\left(\frac{x}{\sqrt{4Dt}}\right)\right] \tag{4.2}$$

여기서, erf는 오차 함수를 나타내며, 아래와 같이 정의된다.

$$erf(s) = \frac{2}{\pi^{1/2}}\int_0^s e^{-\lambda^2} d\lambda \tag{4.3}$$

(2) 확산계수의 시간 의존성

콘크리트의 확산계수는 실제로는 시간에 따라 일정한 것이 아니라 재령이 증가하면서 콘크리트의 수화가 진전되어 감에 따라 점차 감소하게 된다(그림 4.2 참조). 따라서 만약 확산계수가 시간에 따라 감소하는 것을 고려하지 않고 재령 초기의 확산계수를 적용하게 되면 지나치게 보수적인 결과를 가져오게 된다. 이러한 확산계수의 시간에 따른 의존성은 일반적으로 아래의 식으로 나타낼 수 있다(Takewaka and Mastumoto, 1988 ; Tang and Nilsson, 1992 ; Bentz and Thomas, 2001).

$$D(t) = D_0\left(\frac{t_0}{t}\right)^n \quad (t \le t_c) \tag{4.4a}$$

$$D(t) = D_0\left(\frac{t_0}{t_c}\right)^n = \text{const.} \quad (t \ge t_c) \tag{4.4b}$$

여기서, n은 확산계수의 시간(재령)에 따른 감소를 나타내는 재령계수(-)이고, D_0는 시간 t_0(s)에서의 확산계수 기준값을, t_c는 확산계수가 더 이상 감소하지 않는 시간(s)을 나타낸다. Life-365(Bentz and Thomas, 2001)에서는 t_c를 30년으로 가정하고 있다. 식 (4.4a), (4.4b)와 같이 확산계수가 시간에 따라 감소한다고 할 때 새로운 매개변수 T를 도입하면 식 (4.1)을 아래와 같이 바꾸어 나타낼 수 있다.

$$\frac{\partial C}{\partial T} = \frac{\partial^2 C}{\partial x^2} \tag{4.5}$$

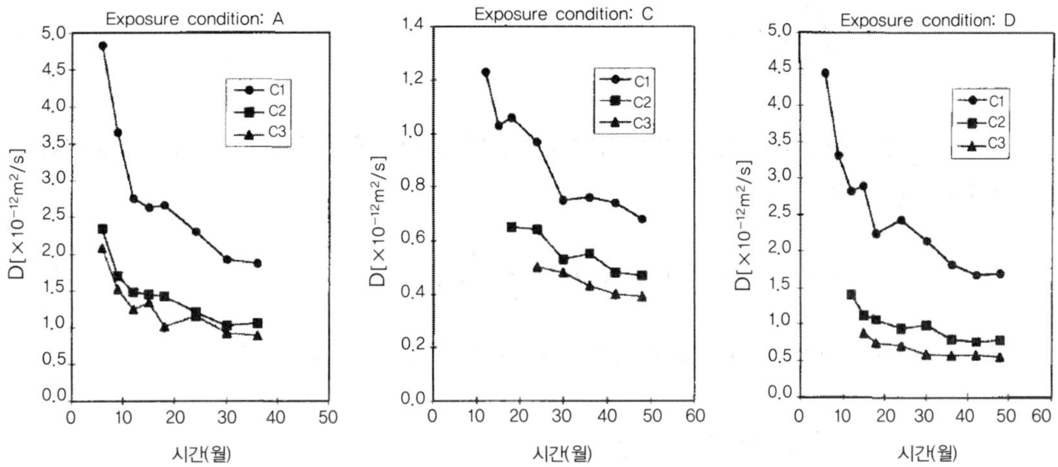

(a) 측정 데이터

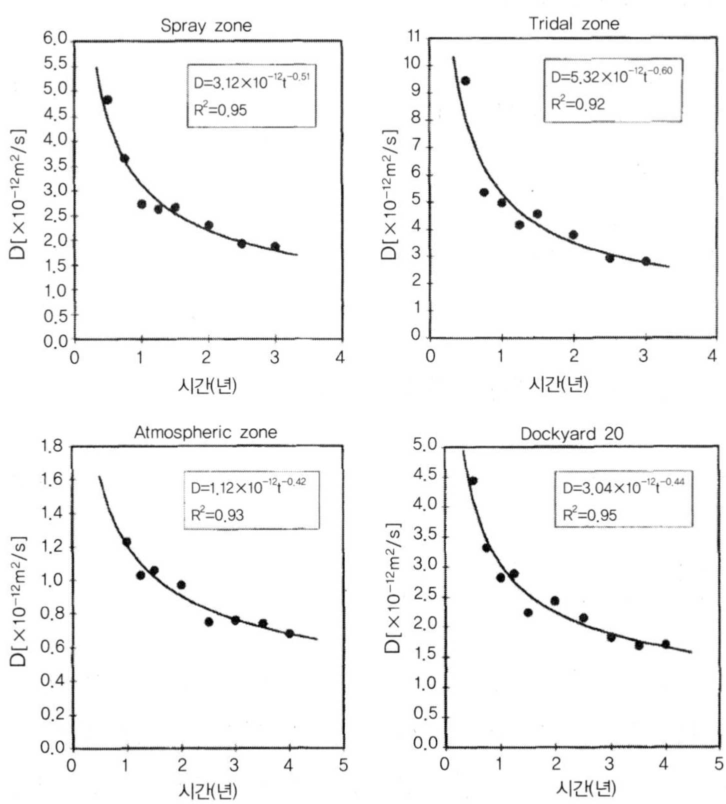

(b) 키브릿

그림 4.2 **시간에 따른 확산계수의 감소 경향(Costa and Appelon, 1999a ; 1999b)**

$$T = \int_0^t D(\tau)\, d\tau \tag{4.6}$$

따라서 경계 조건과 초기 조건이 동일할 때, 식 (4.5)의 해를 식 (4.2)와 유사하게 다음과 같이 나타낼 수 있다.

$$C_t = C_i + (C_s - C_i)\left[1 - erf\left(\frac{x}{\sqrt{4\,T}}\right)\right] \tag{4.7}$$

여기서, 매개 변수 T 대신 확산계수 시간 평균 D_m을 도입하면,

$$D_m = \frac{1}{t}\int_0^t D(\tau) d\tau = \frac{T}{t} \tag{4.8}$$

식 (4.7)은 다시 아래와 같이 나타낼 수 있다.

$$C - C_i = (C_s - C_i)\left[1 - erf\left(\frac{x}{2\sqrt{D_m t}}\right)\right] \tag{4.9a}$$

또는 다음과 같이 나타내기도 한다.

$$C - C_i = (C_s - C_i)\, erfc\left(\frac{x}{2\sqrt{D_m t}}\right) \tag{4.9b}$$

여기서, $erfc = 1 - erf$.

식 (4.8)을 시간에 대한 적분을 거쳐 나타내면 아래와 같이 쓸 수 있다.

$$D_m = \frac{D_0}{1-n}\left(\frac{t_0}{t}\right)^n \quad (t \le t_c) \tag{4.10a}$$

$$D_m = \frac{D_0}{1-n}\left(\frac{t_0}{t_c}\right)^n \left[1 - n + n\left(\frac{t_c}{t}\right)\right] \quad (t \ge t_c) \tag{4.10b}$$

여기서 주의할 점은 기준 확산계수 D_0는 시간 $0 \sim t_0$까지의 평균 확산계수가 아니라 t_0에서의 순간 확산계수를 나타낸다는 점이다. 따라서 D_0는 반드시 전기적 방법과 같은 짧은 시간에 측정된 확산계수를 적용해야 한다(4.6절 참조). 만약 침지 실험이나 구조물에서 얻은 코어 시편에서 측정된 염소 이온 프로파일로부터 구한 확산계수를 적용하려면 이 확산계수는 아래와 같이 표현해야 한다.

$$D_{0m} = D_0 / (1 - n) \tag{4.11}$$

따라서 이 경우 식 (4.10a)와 (4.10b)는 다음과 같이 변경되어야 한다.

$$D_m = D_{0m}\left(\frac{t_0}{t}\right)^n \quad (t \leq t_c) \tag{4.12a}$$

$$D_m = D_{0m}\left(\frac{t_0}{t_c}\right)^n\left[1-n+n\left(\frac{t_c}{t}\right)\right] \quad (t \geq t_c) \tag{4.12b}$$

(3) 한계상태 방정식

앞서 규정한 한계상태에 대한 파괴 확률, 즉 부식 발생 확률을 구하기 위한 한계상태 함수 $g(X, t)$는 구조 신뢰성 이론에 따라 다음과 같이 정의된다.

$$g(X,\ t) = R(t) - S(t) \tag{4.13}$$

여기서 X는 한계상태를 규정하기 위한 설계 변수 벡터를 나타내며, $R(t)$와 $S(t)$는 각각 시간에 따라 변화하는 저항 및 하중을 의미한다. 염해의 경우 염소 이온 침투 깊이를 기준으로 할 때, $R(t)$는 철근의 피복 두께가 되고 $S(t)$는 시간 t까지의 염소 이온 침투 깊이로 정의할 수 있다. 반면 염소 이온 농도를 기준으로 하면 $R(t)$는 부식 임계 농도, $S(t)$는 철근 위치에서의 염소 이온 농도로 정의된다. 이를 한계상태 방정식으로 나타내면 각각 다음과 같이 나타낼 수 있다.

$$\begin{aligned} g &= d_c - x_c(t) \\ &= d_c - 2\sqrt{D_m\, t}\ erfc^{-1}\left(\frac{C_{cr} - C_i}{C_{en} - C_i}\right) \end{aligned} \tag{4.14a}$$

또는

$$\begin{aligned} g &= C_{cr} - C(x,t) \\ &= C_{cr} - C_i - (C_{en} - C_i)\, erfc\left(\frac{x}{2\sqrt{D_m\, t}}\right) \end{aligned} \tag{4.14b}$$

여기서 d_c는 콘크리트 피복 두께(m)를, C_{cr}은 임계 염소 이온 농도(kg/m^3)를 나타낸다.

4.2.3 파괴 확률 또는 신뢰도 지수의 산정

1) 파괴 확률 또는 신뢰도 지수의 산정 방법

콘크리트 구조물의 염소 이온에 의한 파괴, 즉 콘크리트 내의 철근 부식 개시 시기를 확률론적으로 추정하는 방법은 암시적 방법(Implicit method)과 명시적 방법(Explicit method)으로 구분할 수 있다.

암시적 방법은 염소 이온 확산 방정식을 구성하는 각 설계 변수를 확률 변수로 보고 각 변수의 확률 밀도 함수를 대입하여 이를 직접 적분하는 방법을 말한다. 이 방법은 주어진 시간에서의 파괴 확률, 즉 철근의 부식 개시 확률을 직접 나타내는 방정식 형태의 결과를 주는데, 직접적으로 확률을 계산할 수 있고 확률 함수의 형태를 명확하게 파악할 수 있는 장점이 있으나, 복잡한 구성 방정식 때문에 이를 푸는 데 수학적인 어려움이 있다.

암시적 방법은 한계상태 방정식을 직접 적분하지 않고 근사적으로 파괴 확률을 산정하는 방법으로 확률 변수들의 결합 확률 밀도 함수를 이용하여 각 확률 변수의 분포 특성이 반영된 난수(Random number)를 추출하여 충분한 수의 확률 변수 표본 집단을 생성한 다음, 생성된 각 확률 변수의 값을 차례로 한계상태식에 대입하여 파괴 확률을 산정하는 몬테카를로 시뮬레이션(MCS ; Monte Carlo Simulation) 방법과 확률 분포 특성을 나타내는 평균과 분산 또는 표준편차만으로 파괴 확률의 간접적인 지표인 신뢰도 지수를 산정하는 일계 신뢰성 방법(FORM ; First-order reliability method) 및 이계 신뢰성 방법(SORM ; Second-order reliability method) 등이 그 대표적인 방법이다.

흔히 확률 밀도 함수를 직접 적분하는 암묵적 방법이나 몬테카를로 시뮬레이션과 같은 수치 모의 실험 결과를 이용하여 파괴 확률을 산정하는 방법을 Level III 방법, 평균과 분산 또는 표준편차로 신뢰도 지수를 산정하는 방법을 Level II 방법이라고도 한다. 여기서는 Level II 방법 가운데 일반적으로 널리 사용되는 일계이차모멘트법(First-order second moment(FOSM) method)을 중심으로 신뢰도 지수의 산정 방법에 대해 알아본다.

2) 신뢰도 지수

정규 분포 확률 변수 X_i의 평균과 표준편차가 각각 μ_i, σ_i일 때, 다음과 같이 확률 변수 X_i의 선형합으로 표현되는 한계상태 방정식 g가 있다고 가정한다.

$$g = a_0 + a_1 X_1 + a_2 X_2 + \cdots + a_n X_n \tag{4.15}$$

여기서 한계상태 방정식 g의 값을 새로운 확률 변수 G라고 하면, 확률 변수 G의 확률 분포는 정규 분포가 되며 G의 평균과 분산은 다음과 같이 주어진다.

$$\mu_G = a_0 + \sum_{i=1}^{n} a_i \mu_i \tag{4.16}$$

$$\sigma_G^2 = \sum_{i=1}^{n}\sum_{j=1}^{n} a_i a_j Cov[X_i, X_j] \tag{4.17}$$

따라서 한계상태 방정식 g에 대한 파괴 확률은 새롭게 정의된 정규 분포 확률 변수 G가 0보다 작을 확률이므로 다음과 같다.

$$P_f = P[G < 0] = \Phi\left(\frac{-\mu_G}{\sigma_G}\right) \tag{4.18}$$

이때 한계상태식의 표준편차에 대한 평균의 비를 신뢰도 지수(Reliability index) β 라 정의하며 파괴 확률과는 다음의 관계가 있다.

$$\beta = \frac{\mu_G}{\sigma_G} \tag{4.19}$$

$$P_f = \Phi(-\beta) \tag{4.20}$$

3) 평균 일계이차모멘트법

한계상태 방정식이 정규 분포 확률 변수의 비선형식으로 주어진 경우에는 다음과 같이 각 확률 변수의 평균점 μ에서 테일러 전개를 이용하여 비선형 한계상태 방정식을 선형식으로 근사시켜 일차 항까지만 고려해 볼 수 있다. 선형 근사된 한계상태식에 의해 정의되는 새로운 확률 변수 G의 평균과 표준편차로 신뢰도 지수를 계산할 수 있다.

$$g(X) \approx g(\mu) + \sum_{i=1}^{n} \left.\frac{\partial g}{\partial X_i}\right|_{\mu} (X_i - \mu) \tag{4.21}$$

이와 같이 일반적인 한계상태 방정식을 각 확률 변수의 평균점에서 테일러 전개를 이용하여 근사한 다음, 일차 항까지만 취하여 평균에 대한 확률 밀도 함수의 이차모멘트인 분산 또는 표준편차를 고려하여 신뢰도 지수를 산정하는 방법을 평균 일계이차모멘트법(Mean value first-order second-moment method, MV FOSM)이라 한다. 그러나 내구성 해석에 사용되는 한계상태 방정식은 확률 변수들의 선형 조합이 아니므로 평균 일계이차모멘트법을 적용할 수 없다. 따라서 내구성 해석을 위해서는 다음과 같이 개선된 일계이차모멘트법이 필요하다.

4) 개선된 일계이차모멘트법

평균 일계이차모멘트법은 모든 확률 변수가 정규 분포 확률 변수여야 하며, 한계상태식이 이들 확률 변수의 선형합으로 표현될 때에만 정확한 신뢰도 지수 산정이 가능한 단점이 있다. 또한 비선형 한계상태식을 각 확률 변수의 평균점에서 테일러 전개하기 때문에, 동일한 파괴 양식에 대한 한계상태 방정식일지라도 어떤 형태로 표현되는가에 따라 서로 다른 파괴 확률이 계산되는 불변성 결여의 문제점을 안고 있다. 이를 극복하기 위해 다음과 같이 정규 분포 확률 변수들을 정규화 한다.

$$U_i = \frac{X_i - \mu_i}{\sigma_i} \tag{4.22}$$

이를 한계상태 방정식인 식 (4.14)에 대입하면 정규화된 새로운 형태의 한계상태 방정식인 다음 식 (4.23)으로 나타낼 수 있다.

$$g = a_0 + \sum_{i=1}^{n} a_i(\mu_i + \sigma_i U_i) \tag{4.23}$$

식 (4.23)으로부터 평균과 표준편차를 구하여 신뢰도 지수를 산정할 수 있다. 신뢰도 지수 산정을 위하여 주어진 확률 변수와 한계상태식을 서로 통계적으로 독립인 표준 정규 분포 확률 변수의 공간에서 표현되도록 변환한 다음, 표준 정규 분포 확률 변수 공간의 원점으로부터 가장 가까운 직선거리에 위치한 한계상태 방정식 상의 점을 추적하고 그 직선거리를 신뢰도 지수로 취한다. 이때 신뢰도 지수의 산정을 위해 구해진 점은 한계상태 방정식 상에 존재하는 점들 중에서 가장 발현 빈도가 높은 점(Most Probable Failure Point, MPFP)이 된다. MPFP는 다음과 같이 나타낼 수 있다.

$$x_i^* = \mu_i + \sigma_i U_i^* = \mu_i - \alpha_i^* \sigma_i \beta \tag{4.24}$$

여기서 α_i^*는 한계상태 방정식으로부터 정의되는 파괴면의 방향 코사인으로 아래와 같이 정의된다.

$$\alpha_i{}^* = \frac{\left(\dfrac{\partial g}{\partial U_i}\right)_*}{\sum_i \left(\dfrac{\partial g}{\partial U_i}\right)_*^2} \tag{4.25}$$

비선형 한계상태식을 평균점에서 근사하지 않고 MPFP에서 선형근사하면 평균 일계이차모멘트법의 가장 큰 문제점인 불변성 결여의 문제가 해소될 수 있다. 이 방법을 개선된 일계이차모멘트법(Advanced First-order second-moment method, AFOSM)이라 한다.

한편, 정규 분포가 아닌 다른 형태의 확률 분포를 고려하기 위하여 다음과 같이 비정규 확률 분포를 등가 정규 분포로 근사하는 방법이 필요하다. Rackwitz 등은 MPFP에서는 비정규 분포 확률 변수의 밀도함수와 분포함수의 값이 등가의 정규 분포 확률 변수의 밀도함수와 분포함수의 값과 같다고 가정하고, 이로부터 등가 정규 분포 확률 변수의 평균과 표준편차를 추정하는 방법을 제안하였다.

즉, 등가 정규 분포 확률 변수의 평균과 표준편차를 각각 μ_X^N, σ_X^N이라고 하면, 비정규 분포 확률 변수의 밀도함수 $f_X(x)$와 분포함수 $F_X(x)$가 MPFP에서는 다음과 같이 된다.

$$f_X(x^*) = \frac{1}{\sigma_X^N}\phi\left(\frac{x^* - \mu_X^N}{\sigma_X^N}\right) \tag{4.26}$$

$$F_X(x^*) = \Phi\left(\frac{x^* - \mu_X^N}{\sigma_X^N}\right) \tag{4.27}$$

식 (4.26)과 (4.27)의 역으로부터 등가 정규 분포의 평균과 표준편차 μ_X^N, σ_X^N을 구할 수 있다.

$$\mu_X^N = x^* - \sigma_X^N \Phi^{-1}\left[F_X(x^*)\right] \tag{4.28}$$

$$\sigma_X^N = \frac{\phi\left[\Phi^{-1}\{F_X(x^*)\}\right]}{f_X(x^*)} \tag{4.29}$$

따라서 RF변환법을 이용하면 매번 갱신되는 MPFP의 좌표마다 비정규 분포 확률 변수에 대하여 위의 두 식으로부터 등가정규 분포의 평균과 표준편차를 계산하여 표준 정규 분포 확률 변수의 공간으로 변환시켜서 신뢰도 지수를 산정할 수 있게 된다.

이상 설명한 개선된 일계이차모멘트법에 의한 신뢰도 지수의 계산 과정은 그림 4.3과 같다.

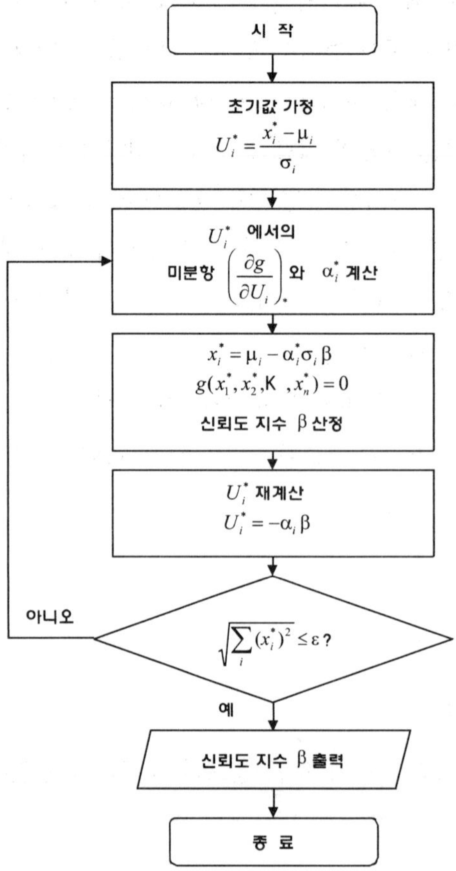

그림 4.3 개선된 일계이차모멘트법에 의한 신뢰도 지수 산정 절차

4.3 내구성 설계 절차 및 설계 확률 변수

앞서 4.1~4.2절에서 설명한 확률론적 내구성 설계 절차를 간단히 요약하면 아래와 같이 정리할 수 있다.

1) 목표 내구 수명 결정
2) 목표 신뢰도 또는 부식 개시 확률 결정
3) 한계상태 방정식 정의 : 식 (4.14a) 또는 식 (4.14b) 적용
4) 설계 변수의 확률 분포 가정
5) 신뢰도 지수 산정 : 그림 4.3 참조
6) 목표 신뢰도를 만족하는 확산계수 또는 다른 설계 변수의 설계 값 결정

한계상태 방정식을 구성하는 각 설계 변수는 별도의 확률 분포를 갖는 확률 변수로 다루어야 한다. 정확한 파괴 확률의 산정을 하기 위해서는 각 설계 변수의 확률 분포 특성이 실제 실측 결과에 대한 통계적 분석을 통해 결정되어야 할 것이다. 주요 설계 변수는 다음과 같다.

- 표면 염소 이온 농도
- 부식 임계 염소 이온 농도
- 염소 이온 확산계수
- 확산계수의 시간 의존성을 나타내는 재령계수
- 콘크리트 피복 두께

이 가운데 콘크리트 특성과 관련된 표면 염소 이온 농도와 부식 임계 염소 이온 농도, 확산계수와 재령계수 등 주요 설계 변수에 대하여 그 측정 방법, 측정 값의 범위와 통계적 특성은 4.4~4.6절에 기술되어 있다.

4.4 표면 염소 이온 농도

4.4.1 측정 방법

철근 부식을 초래하는 성능 저하 요인은 크게 탄산화를 초래하는 이산화탄소(CO_2)의 침투와 염소 이온(Cl^-)의 침투로 분류되며, 이 중 탄산화 깊이를 측정하는 방법은 페놀프탈레인 용액의 분무에 의한 색상 변화의 경계선을 이용하여 판별하는 방법이 가장 일반화되어 있다. 염소 이온의 경우에도 이와 유사하게 소정의 검지약과 지시약 등의 시약에 의한 반응 효과를 이용하여 색상 변화를 발생시키고, 그 결과로 염소 이온의 침투 깊이를 판정할 수 있다. 이 방법은 페놀프탈레인법에 의한 탄산화 판정과는 달리 사전 반응을 일으키는 전처리 시약, 즉 지시약을 사용해야 하는 문제가 있고, 지시약이 부족하거나 과다해도 색상 변화를 관찰하기 곤란한 문제점이 있다. 또한 현재 비색 판별법은 플로레센 나트륨+질산은 방법이 어느 정도 신뢰성 있는 방법으로 제안되고 있지만, 골재의 염소 이온 농도 평가에 이용되는 크롬산칼륨 + 질산은 방법 역시 뚜렷한 색상 변화를 일으키므로, 이를 성능 저하도 평가·진단 시 활용할 수 있을 것으로 판단된다.

비색 판별법 등을 통해 변색 위치의 염소 이온 농도가 규명되는 경우, 그 값을 임의 지점의 염소 이온 농도로 취급하고 염소 이온 확산계수를 고유 값으로 하여, 이를 확산 방정식 식 (4.2)에 적용함으로써 표면 염소 이온 농도의 산정이 가능하다. 단, 이 방법은 확산계수를 알고 있고, 표면 염소 이온 농도가 시간에 따라 변하지 않고 일정하다는 가정에 기초한다. 해양 환경하에 있는 실구조물의 표면 염소 이온 농도는 구조물의 노출 조건 및 외기의 영향에 의해 변화되므로 표면 염소 이온 농도가 일정하게 유지된다는 설정은 다소 문제가 있는 것이 사실이다. 그러나 기본적으로 염소 이온 침투가 식 (4.2)과 같은 형태의 방정식으로 표현될 수 있다는 기본 가정하에서는 4.2.2절에서 설명한 바와 같이 표면 염소 이온 농도는 일정한 값을 가진다고 가정할 수밖에 없다. 그러므로 표면 염소 이온 농도는 실제 표면에서의 농도 값이라기보다는 가상의 값이라고 보는 것이 타당할 것이다.

확산계수를 미리 알고 있는 경우가 아니면 비색 판별법에 의한 염소 이온 침투 깊이만으로는 표면 염소 이온 농도를 산정할 수 없다. 따라서 이 경우에는 콘크리트 표면으로부터의 깊이에 따라 염소 이온 농도를 구한 후 염소 이온 농도를 종속변수, 표면으로부터의 깊이를 독립변수로 설정하여, 식 (4.2)의 회귀분석에 의해 콘크리트 표면에서의 염소 이온 농도를 산정하는 방법이 가장 일반적인 방법이다.

4.4.2 표면 염소 이온 농도의 범위와 확률 분포

표면 염소 이온 농도에 관한 시방서의 규정을 먼저 살펴보면 가장 대표적인 것은 표 4.4에 나타낸 일본토목학회 콘크리트 표준시방서 내구성 조사형 시공 편(일본토목학회, 1999)의 규정이다. 여기서는 비말대와 해양 대기중으로 나누고, 해상 대기중의 경우 해안선으로부터 거리에 따른 콘크리트 표면 염소 이온 농도를 규정하고 있다.

표 4.4 콘크리트 표면의 염소 이온 농도 (kg/㎥)

비말대	해안으로부터 거리 (m)*				
	해안선 부근	100	250	500	1000
13.0	9.0	4.5	3.0	2.0	1.5

* 해안 부근의 높이 방향에 대해서는 높이 1 m가 해안에서의 거리 25 m에 해당된다고 가정한다.
※ 일본토목학회 콘크리트 표준시방서 내구성 조사형 시공 편(1999).

표 4.5 해상부에 놓인 콘크리트 구조물의 해수 접촉 부위별 표면 염소 이온 농도

해안 구분*	해수 접촉 부위	표면 염소 이온 농도(kg/㎥)
서·남해안	간만대	20.0
	비말대	5.0
	해상 대기중	2.5
동해안	간만대, 비말대	13.0
	해상 대기중	9.0

* 서남해안과 동해안의 구분은 부산 지역으로 한다.
※ 콘크리트 표준시방서 해설(2009)

표 4.6 해안 지역에서의 표면 염소 이온 농도

해안 구분	해안으로부터 거리(m)	표면 염소 이온 농도(kg/㎥)
서·남해안	해안선 부근	2.5
	100	2.0
	250	1.5
동해안	해안선 부근	9.0
	100	4.5
	250	3.0
	500	2.5
	1,000	1.5

※ 콘크리트 표준시방서 해설(2009)

우리나라의 경우에도 콘크리트 표준시방서 해설 해양 콘크리트 편(한국콘크리트학회, 2009)에서 표 4.5와 4.6과 같이 해상부에 놓인 콘크리트 구조물의 해수 접촉 부위별 표면 염소 이온 농도와 해안 지역에서의 표면 염소 이온 농도를 규정하고 있다. 이 규정에 따르면 동해안의 경우는 일본의 해안 조건과 동일하다고 볼 수 있지만, 서·남해안의 경우는 이와 달리 간만대와 비말대가 구분되고, 간만대에서는 동해안에 비해 더 높은 표면 염소 이온 농도를 갖게 된다.

표 4.4~4.6에 제시된 값은 측정 결과의 평균값이 아니라 최대 값을 기준으로 정해진 값이기 때문에 확률론적 방법에서 평균값으로 규정하면 너무 보수적인 값이 된다. 하지만 현재 우리나라에서 측정된 표면 염소 이온 농도의 분포에 관한 자료가 거의 없기 때문에 적

표 4.7 Duracrete 모델의 표면 염소 이온 농도의 확률 분포 가정($c_{c_s} = A_{c_s}(w/b) + \varepsilon_{c_s}$)

변 수	조 건	확률 분포	단 위
A_{c_s}	OPC, 해수중	N(10.3, 0.71)	결합재 중량비 (퍼센트)
	OPC, 간만대/비말대	N(7.76, 1.36)	
	OPC, 해양 대기중	N(2.57, 0.36)	
	PFA, 해수중	N(10.8, 1.86)	
	PFA, 간만대/비말대	N(7.46, 0.32)	
	PFA, 해양 대기중	4.42	
	GGBS, 해수중	N(5.06, 0.66)	
	GGBS, 간만대/비말대	N(6.77, 0.28)	
	GGBS, 해양 대기중	3.05	
	SF, 해수중	N(12.5, 1.54)	
	SF, 간만대/비말대	N(8.96, 1.74)	
	SF, 해양 대기중	N(3.23, 0.24)	
ε_{c_s}	OPC, 해수중	N(0, 0.59)	
	OPC, 간만대/비말대	N(0, 1.11)	
	OPC, 해양 대기중	N(0, 0.405)	
	PFA, 해수중	N(0, 1.18)	
	PFA, 간만대/비말대	N(0, 0.75)	
	PFA, 해양 대기중	-	
	GGBS, 해수중	N(0, 1.08)	
	GGBS, 간만대/비말대	N(0, 0.33)	
	GGBS, 해양 대기중	-	
	SF, 해수중	N(0, 1.39)	
	SF, 간만대/비말대	N(0, 1.57)	
	SF, 해양 대기중	N(0, 0.25)	

절한 표면 염소 이온 농도의 평균값과 표준편차를 규정하기가 매우 어려운 상황이다.

표 4.5 규정의 기초 자료를 제시한 정해문 등(2005)의 연구에 따르면 서남해안 고속도로 교량에서 간만대의 경우 10~32.5 kg/m³ 범위로 평균값은 18.5 kg/m³이고, 비말대는 1.5~8.0 kg/m³의 범위로 평균 4.5 kg/m³, 해상 대기중에서는 0.4~2.0 kg/m³ 범위로 평균 1.12 kg/m³

로 나타나고 있다.

국외 사례를 보면 Western Schedlt tunnel(Gelhen and Schiessl, 1999)에서는 표면 염소 이온 농도의 평균과 표준편차를 각각 결합재 중량 대비 4.0 퍼센트, 0.5 퍼센트로 가정하였고, Great Belt Link bridge(Edvarsen and Mohr, 2000)에서는 평균과 표준편차 각각 콘크리트 중량 대비 0.74 퍼센트, 0.27 퍼센트로 가정한 바 있다. Duracrete(2000)에서는 표면 염소 이온 농도가 식 (4.30)과 같이 물-결합재비에 비례한다고 보았다.

$$c_{c_s} = A_{c_s}(w/b) + \varepsilon_{c_s} \tag{4.30}$$

여기서 비례상수 A_{c_s}과 오차 ε_{c_s}는 결합재 종류와 노출 환경에 따라 아래 표 4.7과 같이 다양한 확률 분포가 제안되어 있다.

4.5 부식 임계 염소 이온 농도

4.5.1 측정 방법

염해 환경에 노출된 콘크리트 구조물의 내구성 설계의 경우, 주요 변수로 사용되고 있는 철근 부식 임계 염소 이온 농도는 모든 조건에서 동일한 값이 아니고, 콘크리트 배합비, 시멘트 종류 및 구성 성분, 혼화 재료의 사용 여부, 주변 환경 요인, 철근 표면 조건 및 기타 요인들에 의해 달라진다. Hope와 Ip(1987)는 순수 탄소강의 부식 임계 염소 이온 농도를 전 염소 이온농도를 기준으로 할 때 시멘트 중량비의 0.097~0.19 퍼센트라고 보고하였으나, Hansson과 Sørensen(1988)은 순수 탄소강의 부식 임계 염소 이온 농도가 역시 전 염소 이온 농도 기준으로 시멘트 중량비의 0.6~1.4 퍼센트라고 보고한 바 있다. 한편, Hussain 등(1996)은 모르타르 배합에 대한 부식 임계 염소 이온 농도를 수용성 염소 이온 농도 기준으로 시멘트 중량비의 0.22~0.29 퍼센트라고 보고하였다. 이 같이 부식 임계 염소 이온 농도는 연구자마다 상이하여 이에 대한 값이 현재까지도 정립되어 있지 않고 관련 규격이나 기준에 다소의 차이가 있는 실정이다. 그러나 염해 환경하에 있는 철근 콘크리트 구조물의 내구 수명을 평가하거나 초기 보수 시기를 결정할 때 부식 임계 염소 이온 농도는 매우 중요하고, 그 값에 따라 콘크리트의 내구 수명이나 보수 비용이 크게 달라지므로 이에 대한 연구가 필요한 실정이다.

콘크리트 내의 철근의 부식 개시 시기, 즉 임계 염소 이온 농도를 평가하기 위한 가장 신뢰적인 방법은 구조물이 노출되는 실제 환경하에서 철근 부식 실험을 수행하는 것이다. 그러나 이 방법은 실험 결과를 얻는 데 장기간 소요되기 때문에 실험 기간을 단축시키기 위하여 전기 화학적 방법, 항온 항습기 또는 염수 순환에 의한 건습 반복법 등이 사용되고 있다. 그러나 현재까지도 국내·외적으로 임계 염소 이온 농도 평가를 위한 철근 부식 실험 기준이 제정되어 있지 않은 실정이다. 다음 시험법은 규격화되어 있는 것은 아니나, 국내·외적으로 비교적 많이 사용되고 있는 임계 염소 이온 농도 평가를 위한 부식 실험 방법들이다.

1) 전기 화학적 방법

철근 상부를 노출시킨 원주형 Lollypop 시험체를 염수에 침지하거나 침지와 건조를 반복하면서 전압공급장치(Power supply)의 양극을 철근에, 음극을 스테인리스판에 연결하여 약 4.0V 내외의 전압을 가하면 시험체 표면에서는 산화 및 환원 반응이 동시에 일어난다. 이때 양극 및 음극 전류가 동시에 시험체 표면에 흐르게 되는데, 부식 현상은 바로 양극 전류의 흐름이 있음으로써 일어나는 결과이다. 용존 산소는 음극의 반응물로서 작용하거나 음극에 흡착된 수소원자 혹은 음극에 형성되는 분자와 반응하여 음극을 소극(Depolarize)시키는 역할을 하게 된다. 이와 같은 전기 화학적 부식 촉진 실험이 진행되는 동안, 주기적으로 전원을 차단한 후 시험체의 전극 전위를 측정하여 그것이 부식 전위(일반적인 경우 -350 ㎷)가 되었을 때 시험체 내의 부식된 철근 주위의 염소 이온 농도가 임계 염소 이온 농도이다.

2) 항온 항습기에 의한 건습 반복법(일본콘크리트공학협회, 1991)

이 방법은 항온 항습기를 이용하여 그 내부에 있는 시험체에 건습 반복 환경을 조성해 주는 것으로, 온도 60 ~ 80 ℃, 상대 습도 90 ~ 95 퍼센트 조건의 습윤 기간 동안에 전해질인 물은 콘크리트 내부로 침투되고, 고온 환경하에서 부식은 촉진된다. 한편, 습윤 기간 시에 두꺼운 수막이 산소가 철근 표면에 도달하는 것을 방해할 수 있으므로 온도 10 ~ 20 ℃, 상대 습도 40 ~ 60 퍼센트의 건조 기간 동안에는 산소가 충분히 공급된다. 따라서 이 방법은 실제 철근 콘크리트 구조물의 부식 조건을 모사하는 것으로 생각할 수 있다. 일본 콘크리트공학협회의 규준(안)(1991)에 의하면, 이 방법은 일반적으로 염분을 혼입하여 제작된 철근 콘크리트 시험체에 대해서 항온 항습기를 이용하여 온도 65 ℃, 습도 90 퍼센트의 습윤 기간 3일과 온도 15 ℃, 습도 60 퍼센트의 건조 기간 4일을 1사이클로 하여 20 사이클까지 부식 촉진 시험을 수행한다. 따라서 이 방법은 콘크리트 배합 시에 혼입한 염분에 의해 비교적 단기간에 철근 부식 여부를 파악할 수 있으므로, 이에 따라 철근 부식을 일으키는 임계 염소 이온 농도를 평가할 수 있다.

3) 염수 순환에 의한 건습 반복법

전기 화학적 방법은 콘크리트 내의 철근의 부식 개시 시기를 단기간에 정량적으로 평가할 수 있으나, 부식 메커니즘이 실제 부식 환경과 크게 다르므로 실험 결과의 신뢰도가 높지 않은 실정이다. 이에 따라 비교적 실제 환경과 유사하고 단기간에 철근 부식 개시 시기의 평가가 가능한 시험법이 염수 순환에 의한 건습 반복법이다. 이 방법은 수조에 철근 콘크리트 시험체를 배치하여 적절한 순환 장치에 의해 수조 내로 2~3일 정도의 염수 침지와 2~3일 정도의 건조를 반복시킴으로써 콘크리트 내의 철근 부식을 촉진시키는 실험법이다. 콘크리트를 배합할 때에 염분을 혼입하거나 콘크리트 피복 두께를 감소시키면 철근 부식은 더욱 촉진된다. 이때 철근의 부식 개시 시기를 감지하기 위하여 철근에 리드선을 연결하여 주기적으로 자연 전위 측정 등에 의한 모니터링을 해야 한다.

4) 해양 환경 폭로실험

이 방법은 철근 콘크리트 시험체를 실제 해양환경에 폭로시켜 주기적인 부식 모니터링에 의해서 철근 부식이 시작되는 부식 임계 염소 이온농도를 평가하기 위한 시험법으로, 가장 신뢰성이 높은 방법이다. 그러나 이 방법은 실험 결과를 얻는 데 장기간 소요되는데, 이 기간 중에 태풍 등 자연재해로 인해 시험체의 유실 가능성이 높고 철근 부식 모니터링을 위해 철근에 연결한 리드선이 해수의 접촉으로 쉽게 부식되므로, 철근 부식 모니터링을 위해서는 이에 대해 적절한 보호 수단이 요구된다.

4.5.2 부식 임계 염소 이온 농도의 범위와 확률 분포

표 4.8은 연구자별로 부식 임계 염소 이온 농도에 관한 연구 결과를 나타낸 것이다. 이 표에서 알 수 있듯이 부식 임계 염소 이온 농도는 시험 방법과 임계 염소 이온 농도의 정의, 콘크리트 배합비, 시멘트의 C_3A량, 광물질 혼화재, 온도 및 양이온의 종류 등에 따라 매우 넓은 범위에 걸쳐 분포하고 있다는 것을 알 수 있다.

표 4.8 임계 염소 이온 농도의 연구 결과

실 험 조 건	문 헌	환 경	임계 농도			발청 평가 방법
			자유 염소 이온 농도 (% wb)	전염소 이온 농도 (% wb)	$[Cl^-]/[OH^-]$	
인공 세공 용액	Haussmann (1967)	용액			0.60	전위 변화 관찰 및 육안 조사
인공 세공 용액	Gouda (1970)	용액			0.35	양극 분극법, 전위 변화 관찰 및 육안 조사
모르타르 시편	Gouda and Halaka (1970)	OPC BFSC		2.42 1.21		양극 분극법
염소 이온 첨가 배합	Gouda and Halaka (1970)	OPC BFSC		3.04 1.01		양극 분극법
철근의 사전 클리닝을 하지 않은 경우	Gouda and Halaka (1970)	OPC		0.60		양극 분극법
영국 보통 포틀랜드 시멘트(OPC)와 스페인 고로 슬래그 시멘트(BFSC)에 염소 이온 첨가 배합	Andrade and Page (1986)	OPC BFSC			0.15~0.69 0.12~0.44	부식 속도
염소 이온을 함유한 알칼리 용액에 철근 침지	Gõni and Andrade (1990)	용액			0.25~0.8	평균 부식 속도
모르타르 시편에 철근 매설	Alonso et al. (2000)	모르타르 (모르타르 +용액)	0.39~1.16	1.24~3.08	1.17~3.98 0.66~1.45	전류 밀도
고/저 알칼리양을 갖는 모르타르 시편	Pettersson (1992, 1994, 1996)	모르타르 80%RH 100%RH		 0.6~1.8 0.5~1.7	2.5~6.0 1.7~2.6 1.7~2.6	부식 속도
콘크리트 슬래브를 염소 이온 농도 10 퍼센트 해수에 침지	Pettersson (1992, 1994, 1996)	콘크리트			1.8~2.9	부식 속도

표 4.8 임계 염소 이온 농도의 연구 결과(계속)

실 험 조 건	문 헌	환 경	임계 농도			발청 평가 방법
			자유 염소 이온 농도 (% wb)	전염소 이온 농도 (% wb)	$[Cl^-]/[OH^-]$	
OPC 모르타르 시편에 외부 염소 이온 작용	Hansson and Sørensen (1988)	100%RH/ 50%RH		0.6~1.4		전류 밀도의 증가(정전위 시험법)
콘크리트 시편에 외부 염소 이온 작용	Lambert et al. (1991)	콘크리트			> 3.00	부식 속도
염소 이온 첨가 배합	Kayyali and Haque (1995)	콘크리트				부식 임계 값 $[Cl^-]/[OH^-]$= 0.3으로 가정하고 세공 용액 추출, 자유 염소 이온 농도 산정
보통강도 콘크리트		MS	1.15			
고강도 콘크리트		HS	0.85			
고강도 콘크리트+혼화재		HSS	0.80			
고강도 콘크리트+혼화재+플라이 애쉬		HSSFA	0.45			
서로 다른 C_3A량을 갖는 콘크리트 시편에 염소 이온 첨가 배합 후 세공 용액 추출	Hussain et al. (1995)	콘크리트				부식 임계 값 $[Cl^-]/[OH^-]$ = 0.3으로 가정하고, 임계 염소 이온 농도 계산
C_3A량 = 2.43 퍼센트			0.135	0.35		
C_3A량 = 7.59 퍼센트			0.165	0.62		
C_3A량 = 14.00 퍼센트			0.215	1.00		
서로 다른 C_3A량을 갖는 시멘트 모르타르에 철근 매립 후 5 퍼센트 NaCl 용액에 침지, 세공용액 추출	Hussain et al. (1996)	시멘트 모르타르				Half-cell potential 측정
C_3A량 = 2.43 퍼센트			0.225			
C_3A량 = 7.59 퍼센트			0.267		0.61	
C_3A량 = 14.00 퍼센트			0.255			
염소 이온 첨가 또는 외부 노출	Schiessl and Breit (1996)	OPC		0.5-1		매크로셀 전류
		BFSC		1-1.5		
		FA		1-1.5		
콘크리트 각주형 시험체를 해양 환경에 노출	Thomas et al. (1990)	콘크리트		0.50		육안 조사+질량 감소 조사

표 4.8 임계 염소 이온 농도의 연구 결과(계속)

실 험 조 건	문 헌	환 경	임계 농도			발청 평가 방법
			자유 염소 이온 농도 (% wb)	전염소 이온 농도 (% wb)	$[Cl^-]/[OH^-]$	
플라이 애쉬를 혼입한 철근 콘크리트 각주형 시험체를 해양 환경에 노출	Thomas (1996)	콘크리트				질량 감소 조사
플라이 애쉬 양 = 0 퍼센트				0.70		
플라이 애쉬 양 = 15 퍼센트				0.65		
플라이 애쉬 양 = 30 퍼센트				0.50		
플라이 애쉬 양 = 50 퍼센트				0.20		
염소 이온 첨가 배합한 콘크리트 슬래브를 다양한 환경 조건에 노출	Hope and lp (1987)	OPC		0.097~0.19		부식 속도, AC 임피던스, 육안 조사, 질량 감소 조사
각주형 시험체를 인공해수에 침지, 건습 반복	배수호 등 (2007)	OPC 인공 해수		0.29~0.31		Half-cell potetial 측정
원주형(Lollypop) 시험체를 인공 해수에 침지, 전류 공급				0.17~0.28		
콘크리트 배합 시 염소 이온 첨가	송하원 등 (2009)	OPC		1.6		분극 저항법
		60%GGBS		0.45		
		30%FA		0.8		
		10%SF		2.15		
콘크리트 배합 시 염소 이온 첨가	오병환 등 (1999)	OPC OPC+FA 15~30% OPC+BS 30%	0.11~0.13	0.45~0.93	0.17~0.26	Half-cell potential 측정

참고) % wb : 결합재 중량비 퍼센트

콘크리트 단위 부피당 염소 이온 중량 = 염소 이온 농도(결합재 중량비) × 단위 결합재량

표 4.9 Duracrete 모델의 임계 염소 이온 농도의 확률 분포 가정(OPC)

변 수	조 건	확률 분포	단 위
c_{cr}	OPC, w/b=0.5, 해수중	N(1.6, 0.2)	
	OPC, w/b=0.5, 해수중	N(2.1, 0.2)	
	OPC, w/b=0.5, 해수중	N(2.3, 0.2)	결합재 중량비 (퍼센트)
	OPC, w/b=0.5, 간만대/비말대	N(0.50, 0.10)	
	OPC, w/b=0.5, 간만대/비말대	N(0.80, 0.10)	
	OPC, w/b=0.5, 간만대/비말대	N(0.90, 0.15)	

일본의 콘크리트 시방서 시공 편(1999)에서는 콘크리트 단위 부피당 염소 이온 농도로서 1.2 kg/m³의 값을 적용하고 있고, 우리나라의 콘크리트 표준시방서(2007) "콘크리트 내구성 평가 편"에서는 임계 염소 이온 농도를 단위 결합재량의 0.4 퍼센트로 규정하고 있는데, 이는 단위 시멘트양이 300 kg/m³일 때 1.2 kg/m³ 정도가 된다.

그러나 부식 임계 염소 이온 농도는 전술한 바와 같이 여러 가지 요인에 따라 달라지므로, 콘크리트 구조물의 내구성 설계 변수로서 합리적이고 신뢰적인 부식 임계 염소 이온 농도를 도출하기 위해서는 이에 관한 표준 시험법 마련 및 여러 영향 인자들에 대한 폭넓은 분석과 실험 연구가 시급한 것으로 판단된다. 또한 결정론적 방법에서 적용하는 부식 임계 염소 이온 농도는 대부분 측정값의 최소값으로 정하고 있기 때문에 확률론적 방법에서 이 값을 적용할 경우 지나치게 보수적인 설계가 될 수 있다.

Western Schedlt tunnel(Gelhen and Schiessl, 1999)에서는 부식 임계 염소 이온 농도의 평균값으로 결합재 중량의 0.7 퍼센트, 표준편차는 0.1 퍼센트를 적용한 바 있고, Great Belt Link bridge(Edvarsen and Mohr, 2000)에서는 평균과 표준편차를 각각 콘크리트 중량 대비 0.1 퍼센트, 0.25 퍼센트로 설정하였다. Duracrete(2000)에서는 배합 종류와 물-결합재비 등에 따라 결합재 중량 대비 평균 0.50 ~ 2.3 퍼센트, 표준편차를 0.10 ~ 0.2 퍼센트로 제시하고 있다(표 4.9 참조).

4.6 염소 이온 확산계수와 영향계수

4.6.1 확산계수 측정 방법

염소 이온 확산계수를 추정하기 위한 실험 방법은 후술되는 바와 같이 여러 가지 방법이 있으나, 현재까지 국내·외적으로 규격화된 것은 북유럽 규격인 NT BUILD 492(1999)가 유일하다. 이 절에서는 북유럽 규격의 NT BUILD 492 방법과 함께 정상 상태 전기 영동 확산 시험 방법에 대해 설명한다.

1) 정상 상태 전기 영동 확산 시험 – Zhang & Gjørv (1994)의 방법

이온에 작용하는 구동력은 이온의 위치에서 전기장과 이온의 전하의 곱으로 표시되며, 식 (4.31)과 같이 나타낼 수 있다.

$$F_d = \frac{z_i e_0}{300} \frac{E}{L} \tag{4.31}$$

여기서, F_d : 구동력 (dynes)

z_i : 이온의 원자가

e_0 : 전자의 전하 (4.8×10^{-10} e.s.u)

E : 전기장 (V/cm)

한편, 구동력을 받는 이온의 표류(Drift) 속도는 이온의 운동력(Mobility)에 영향을 받기 때문에 단위 구동력하의 이온의 표류 속도를 식 (4.32)와 같이 정의할 수 있다.

$$u_{abs} = \frac{v_d}{F_d} \tag{4.32}$$

여기서, u_{abs} : 절대 이동도 (cm/s · dyne)

v_d : 표류 속도 (cm/s)

F_d : 구동력 (dynes)

또한 확산계수와 이온의 이동도 u 사이의 관계는 Einstein 관계식으로서 식 (4.33)과 같이 정의된다.

$$D = u_{abs}kT \tag{4.33}$$

여기서, D : 이온의 확산계수 (cm^2/s)

k : Boltzman 상수 (1.38×10^{16} erg/K)

T : 절대 온도 (K)

콘크리트를 통과하는 염소 이온의 실제 운동성(u_{act})을 측정하고 구동력에 대한 식 (4.31)을 확산에 대한 식 (4.33)에 대입하면 이온의 확산계수에 대한 식 (4.34)를 얻을 수 있다.

$$D = 300\frac{kT}{ze_0}\frac{L}{E}v_{eq} \tag{4.34}$$

여기서, v_{eq} : 염소 이온의 등속도 (m/s)

또한 단면적 A를 투과한 염소 이온의 플럭스(Flux)는 식 (4.35)와 같이 나타낼 수 있으며,

$$J_{in} = v_{eq}C_0 \tag{4.35}$$

정상 상태에서 시편을 통과한 염소 이온의 플럭스는 식 (4.36)과 같이 나타낼 수 있으므로,

$$J_{out} = \frac{V}{A}\frac{dC_2}{dt} \tag{4.36}$$

정상 상태에서는 콘크리트 내부에 유입된 염소 이온의 플럭스와 통과한 플럭스는 동일하기 때문에 콘크리트의 확산계수는 식 (4.37)과 같이 얻어진다.

$$D = 300\frac{kT}{ze_0}\frac{L}{E}\frac{V}{C_1A}\frac{dC_2}{dt} \tag{4.37}$$

한편, 이 모델은 묽은 전해질 용액에서 전기장이 작용할 때 이온의 상호작용에 관한 데뷔-휘켈 모델(Debye-Hückel model)을 근거로 확산계수 계산 시 이온의 이동도의 비에 관한 보정계수(β)를 사용하고 있으나, 0.5 mol/l 와 같이 강한 전해질 용액에서 이 모델을 적용하는 것은 비합리적인 것으로 알려져 있다.

2) 비정상 상태 전기 영동 확산 시험 – NT BUILD 492(1999) 방법

이 실험은 비정상 상태(non-steady-state)의 전기화학적 이동 실험으로부터 콘크리트, 모르타르 및 시멘트계 보수 재료의 염화물 이동계수를 결정하기 위한 것으로 Tang과 Nilsson (1992)에 의해 제안된 방법이다.

Nernst-Plank 방정식으로부터 식 (4.38)과 같이 물질 이동을 농도차에 의한 확산의 항과 전기 이동에 따른 항의 합으로 나타낼 수 있다.

$$J = -D\frac{dC}{dx} - \frac{zF}{RT}\frac{E}{L}D \cdot C_1 \tag{4.38}$$

상수 벽 경계 조건을 적용시키면 식 (4.39)와 같은 해를 얻게 된다.

조건 : 1) 경계 조건 : $C = C_0,\ x = 0,\ t > 0$

2) 초기 조건 : $C = 0,\ x > 0,\ t = 0$

3) 무한대점 조건 : $C = 0,\ x \rightarrow \infty,\ t = t_m$

$$\frac{C}{C_0} = \frac{1}{2}\left(e^{ax}erfc\left(\frac{x + aDt}{2\sqrt{Dt}}\right) + erfc\left(\frac{x - aDt}{2\sqrt{Dt}}\right)\right) \tag{4.39}$$

여기서, $a = \frac{zF}{RT}\frac{E}{L}$

식 (4.39)로부터 염소 이온의 확산계수 산정은 실험 장치로부터 구한 깊이에 따른 염소 이온 농도 분포를 커브 피팅(Curve-Fitting)하여 구하는 다소 복잡한 과정이 필요하다. Tang과 Nilsson은 이러한 과정을 쉽게 하기 위해 그림 4.4와 같은 깊이에 따른 염소 이온 농도 분포로부터 식 (4.39)에서 전기장이 충분히 크고 침투 깊이가 충분하다는 가정하에서 농도의 기울기가 변하는 점 x_f와 수치해석을 사용하여 구한 점 x_d의 상관관계로부터 확산계수를 계산하는 식을 아래와 같이 제안하였다.

$$D = \frac{RTL}{zFU} \cdot \frac{x_d - \alpha\sqrt{x_d}}{t} \tag{4.40}$$

여기서, $\alpha = 2\sqrt{\frac{RTL}{zFU}} \cdot erf^{-1}\left(1 - \frac{2c_d}{c_0}\right)$

D : 염소 이온 확산계수 (m^2/s)

z : 이온의 원자가 (염소 이온의 경우 z=1)

F : 패러데이 상수 (96,481.04 J/V · mol)

U : 양극과 음극 사이의 전위차 (V)

R : 기체 상수 (8.314 J/K · mol)

T : 용액의 온도 (K)

L : 시편의 두께 (m)

x_d : 염소 이온의 침투 깊이 (m)

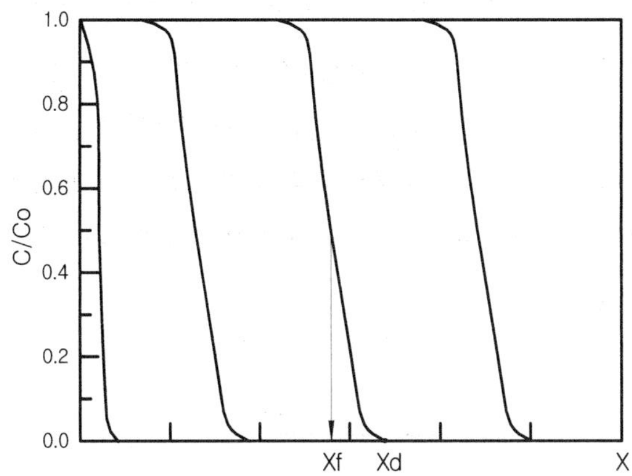

그림 4.4 비정상 전기 영동 확산 실험에서의 염소 이온 농도 프로파일

t : 실험 지속시간 (hour)

erf : 오차 함수

c_d : 색깔이 변화하는 위치에서 염화물 농도 (N)

c_0 : 음극 용액에서 염화물 농도 (2N)

이상의 이론에 따라 확산계수를 측정하기 위해 Tang과 Nilsson은 그림 4.5와 같은 실험 장치를 고안하였다. 이 실험에서 코어 또는 원주형 공시체를 사용할 수 있는데, ∅100×200 mm 공시체를 사용하는 경우, 2개의 공시체를 반씩 2개로 잘라서 이 중 3개의 시편을 준비한 다음 중앙으로부터 50±2 mm 두께의 슬라이스로 자른다. 첫 번째 중앙면을 이루는 절단부에 보다 가까운 단의 표면이 음극인 염화물 용액에 노출되는 면이다.

시편 전처리로서, 슬라이스 시편 표면의 거친 부분을 닦아 씻고, 그 표면이 건조될 때 진공 처리를 위하여 시편을 진공 용기에 넣는다. 몇 분 내에 진공 용기의 절대 압력을 1~5 kPa의 범위로 줄이고 3시간 동안 진공 상태를 유지한다. 모든 시편을 침지시키기 위하여 진공 펌프를 계속 가동시키면서 포화 수산화칼슘 용액을 용기에 채운다. 공기가 용기에 다시 들어오기 전에 추가로 1시간 동안 진공을 유지한 후 시편을 18±2시간 동안 용액에 담근다.

공극이 수산화칼슘 용액에 포화된 두께 50 mm의 콘크리트 시편 사이에 음극셀은 10 퍼센트 NaCl 수용액을, 양극셀은 0.3 M의 NaOH 수용액을 채워서 그림 4.10과 같이 확산셀 장치를 구성한 후 전원 공급 장치를 이용하여 30 V의 전압을 공급하였을 때 걸리는 초기 전류 값 I_{30V} 을 측정한다. 표 4.10에 의해 초기 전류 값의 범위를 선택한 후 적용 전압을 조정하여 전류에 따른 적절한 시험 시간을 결정하여 전위차를 이용한 염소 이온 침투 저항성 실험을 수행한다. 염소 이온 침투 저항성 실험 종료 후 시편을 축 방향으로 2개의 조각으로 쪼개어 그 단면에 0.1 N $AgNO_3$ 용액을 분무하면, 그림 4.6과 같이 염소 이온의 침투 깊이에 따라 흰색의 염화은 침전물에 의해 시편의 변색부가 나타나는데, 이를 측정하여 염소 이온 침투 깊이를 구한다.

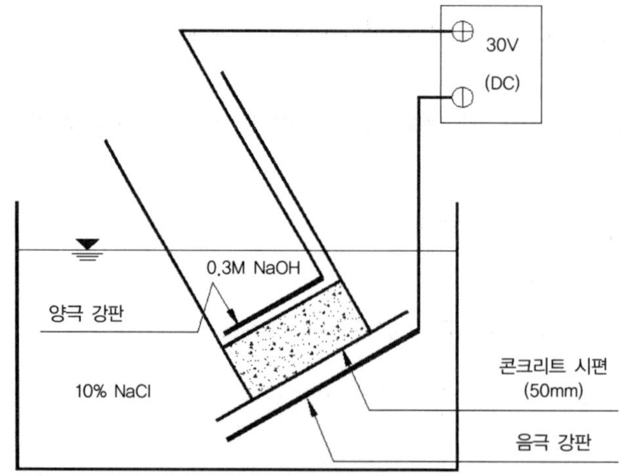

그림 4.5 NT BUILD 492 방법의 확산셀 구성도

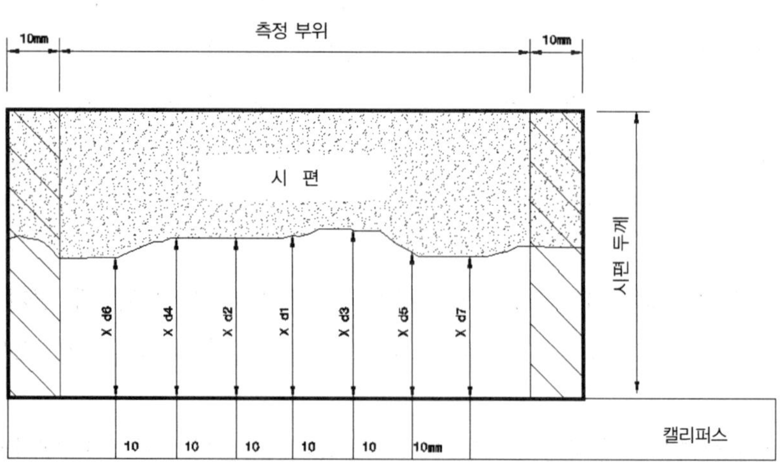

그림 4.6 염소 이온 침투 깊이 측정도

표 4.10 적용 전압 및 콘크리트 시편 시험 시간

Initial current I_{30V} (with 30V) (mA)	Applied voltage U (after adjustment) (V)	Possible new initial current I_0 (mA)	Test duration t, (hour)
$I_0 < 5$	60	$I_0 < 10$	96
$5 \leq I_0 < 10$	60	$10 \leq I_0 < 20$	48
$10 \leq I_0 < 15$	60	$20 \leq I_0 < 30$	24
$15 \leq I_0 < 20$	50	$25 \leq I_0 < 35$	24
$20 \leq I_0 < 30$	40	$25 \leq I_0 < 40$	24
$30 \leq I_0 < 40$	35	$35 \leq I_0 < 50$	24
$40 \leq I_0 < 60$	30	$40 \leq I_0 < 60$	24
$60 \leq I_0 < 90$	25	$50 \leq I_0 < 75$	24
$90 \leq I_0 < 120$	20	$60 \leq I_0 < 80$	24
$120 \leq I_0 < 180$	15	$60 \leq I_0 < 90$	24
$180 \leq I_0 < 360$	10	$60 \leq I_0 < 120$	24
$I_0 \geq 360$	10	$I_0 \geq 120$	6

4.6.2 확산계수 및 영향계수의 범위와 확률 분포

염소 이온 확산계수는 결합재 종류, 물-결합재비 등 배합 특성에 따라 달라지고 매우 넓은 범위에 걸쳐 분포하며, 염소 이온 침투에 대한 저항성을 결정하는 가장 중요한 인자이다. 따라서 내구성 설계에 있어서 확산계수는 가장 주된 설계 변수가 되고, 내구성 설계의 최종 결과로 목표 확산계수가 결정된다.

Life-365(Bentz and Thomas, 2001)에서는 여러 연구자들의 측정 결과를 바탕으로(그림 4.7, 4.8 참조) 물-결합재비, 결합재 종류에 따른 확산계수와 재령계수를 식 (3.13)과 (3.14)와 같이 제안하고 있다.

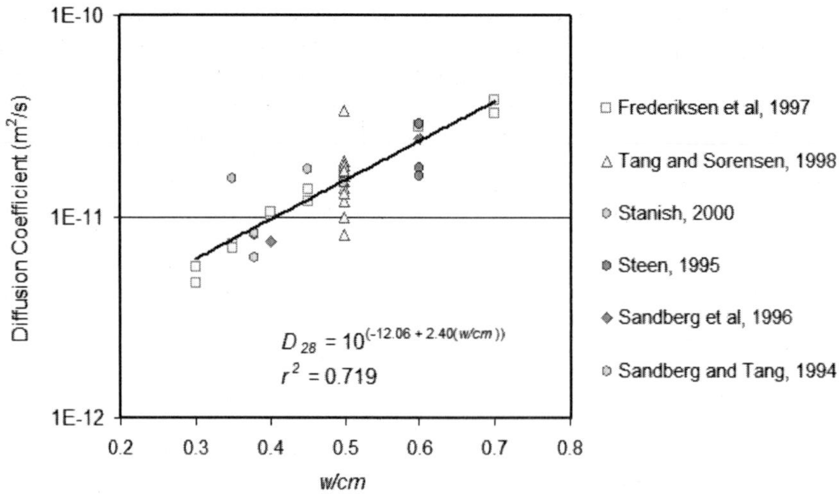

(a) 보통 포틀랜드 시멘트 콘크리트

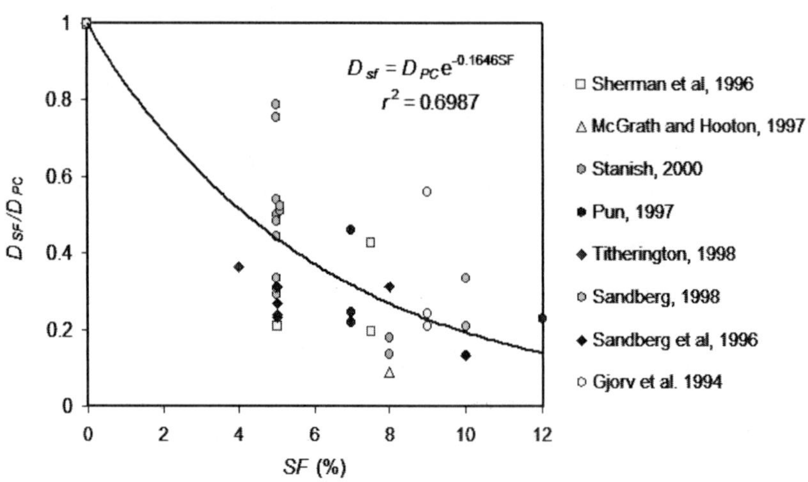

(b) 실리카 퓸 콘크리트

그림 4.7 Life-365 모델의 콘크리트 확산계수 관계(Bentz and Thomas, 2001)

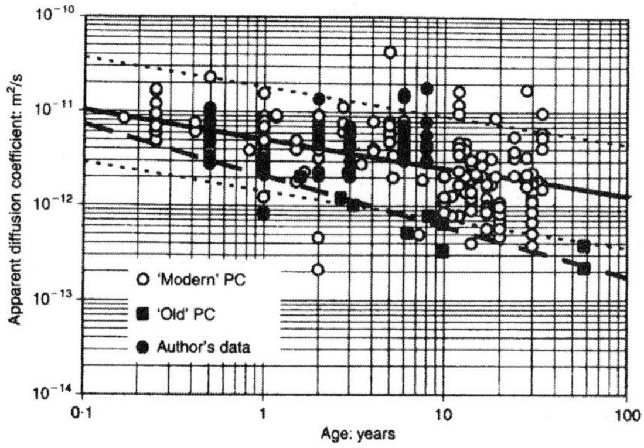

(a) 포틀랜드 시멘트 콘크리트

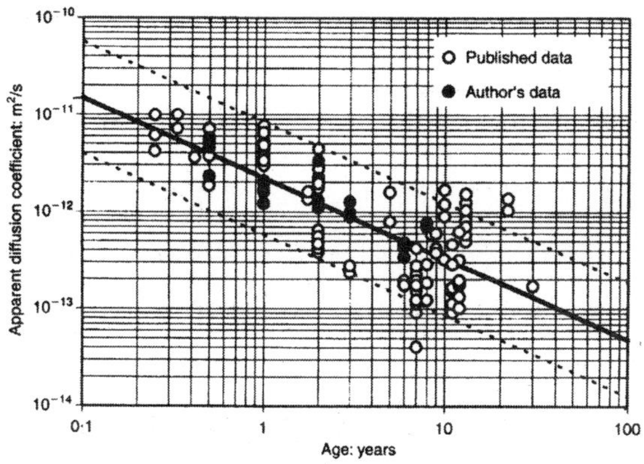

(b) 플라이 애쉬 콘크리트

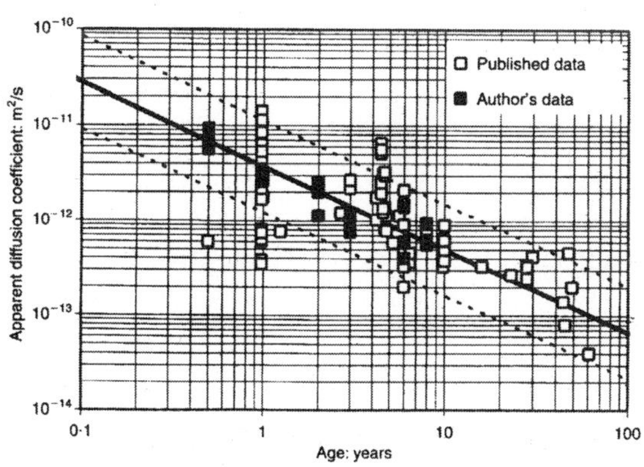

(c) 슬래그 콘크리트

그림 4.8 **재령에 따른 콘크리트 염소 이온 확산계수(Bamforth, 1999)**

또 일본 콘크리트 표준시방서 내구성 조사형 시공 편(1999)에서는 확산계수 산정식을 식 (4.41)과 같은 형태로 제안하고 있다.

$$\log D_c = a(w/b)^2 + b(w/b) + c \tag{4.41}$$

여기서 상수 a, b, c는 실측 자료로부터 구하도록 하고 있는데, 실측 값이 부족한 경우를 고려하여 보통 포틀랜드 시멘트와 고로 슬래그 시멘트에 대해 각각 식 (4.42a)와 식 (4.42b)와 같이 추천하고 있다.

i) 보통 포틀랜드 시멘트 콘크리트

$$\log D_c = [4.5(w/b)^2 + 0.14(w/b) - 8.47] + \log(3.15 \times 10^7) \tag{4.42a}$$

ii) 고로 슬래그 시멘트 콘크리트

$$\log D_c = [19.5(w/b)^2 + 13.8(w/b) - 5.74] + \log(3.15 \times 10^7) \tag{4.42b}$$

앞서 제시된 확산계수 관계식은 확산계수의 평균값을 추정하는 데 활용될 수 있을 것이다. 그러나 확률론에 근거한 내구성 설계를 위해 중요한 확산계수의 표준편차와 확률 분포 특성에 대해서는 아직 많은 연구가 이루어지지 않았다. 향후 국내에서도 보다 많은 자료를 확보하여 염소 이온 확산계수의 확률적 특성을 규명하는 작업이 이루어져야 할 것이다. 현재 참조할 수 있는 자료는 몇몇 국외 프로젝트에서 제한된 자료를 근거로 제시된 자료가 있다. 예를 들어 Duracrete(Final report, 2000)에서는 확산계수를 식 (4.43)과 같이 가정하여 확산계수에 영향을 미치는 각 계수에 대한 확률 분포와 평균, 표준편차를 결합재 종류와 노출 환경에 따라 표 4.11과 같이 제시하고 있다.

$$D_c = k_{c,cl}\, k_{c,cl}\, D_{cl,0} \left(\frac{t_0}{t} \right)^{n_{cl}} \tag{4.43}$$

여기서 $k_{c,cl}$은 양생계수(curing factor), $k_{e,cl}$은 환경계수(environmental factor), n_{cl}은 재령계수(aging factor)를 각각 나타낸다.

또 Western Schedlt tunnel(Gelhen and Schiessl, 1999)에서는 확산계수의 변동계수(표준편차/평균)를 약 0.15로 가정하였고, Great Belt Link bridge(Edvarsen and Mohr, 2000)에서는 변동계수를 약 0.26으로 가정한 바 있다.

표 4.11 Duracrete 모델의 확산계수 확률 분포

변 수	조 건	확률 분포	단 위
$k_{c,cl}$	1일 양생	Beta(1.07, 1.90, 1.0, 4.0)	–
	3일 양생	1.0	
	7일 양생	Beta(2.15, 10.7, 1.0, 4.0)	
	28일 양생	Beta(4.44, 2.33, 0.40, 1.0)	
$k_{e,cl}$	OPC, 해수중	Ga(35.3, 26.6)	–
	OPC, 간만대	Ga(35.5, 38.5)	
	OPC, 비말대	Ga(2.92, 11.0)	
	OPC, 해양 대기중	Ga(35.2, 52.0)	
	GGBS, 해수중	Ga(9.00, 2.32)	
	GGBS, 간만대	Ga(4.38, 1.62)	
	GGBS, 비말대	Ga(0.362, 0.465)	
	GGBS, 해양 대기중	Ga(2.34, 1.18)	
n_{cl}	OPC, 해수중	Beta(24.9, 58.1, 0.0, 1.0)	–
	OPC, 간만대/비말대	Beta(24.9, 58.1, 0.0, 1.0)	
	OPC, 해양 대기중	Beta(24.9, 58.1, 0.0, 1.0)	
	PFA, 해수중	Beta(24.9, 58.1, 0.0, 1.0)	
	PFA, 간만대/비말대	Beta(24.9, 58.1, 0.0, 1.0)	
	PFA, 해양 대기중	Beta(24.9, 58.1, 0.0, 1.0)	
	GGBS, 해수중	Beta(24.9, 58.1, 0.0, 1.0)	
	GGBS, 간만대/비말대	Beta(24.9, 58.1, 0.0, 1.0)	
	GGBS, 해양 대기중	Beta(24.9, 58.1, 0.0, 1.0)	
	SF, 해수중	Beta(24.9, 58.1, 0.0, 1.0)	
	SF, Tidal and Splash	Beta(24.9, 58.1, 0.0, 1.0)	
	SF, 해양 대기중	Beta(24.9, 58.1, 0.0, 1.0)	

05 장

국내외 내구성 설계 적용 사례

5.1 인천대교

5.1.1 공사 개요

인천대교는 그림 5.1과 같이 인천 송도 신도시에서부터 인천항로를 건너 영종도 인천국제공항 접속 도로의 북동쪽을 연결하는 해상 고속도로로서 사업 연장은 21.4 km이고 인천대교 연장은 18.4 km이다.

표 5.1 인천대교 및 연결 도로의 공사 개요

구분	연 장	총 투자비	공사 기간	사업 시행자	감 리 자	시공사
국고 구간	8.93 km (왕복 2-6차로)	7,679억원	'05.12~'09.08 (44개월)	한국도로공사	한국도로공사 (자체감독)	코오롱, 대림, 현대, SK, 두산
민자 구간	12.34 km (왕복 6차로)	15,914억원	'05.07~'09.10 (52개월)	코다개발(주)	유신, 건화, KCI(책임감리)	삼성JV

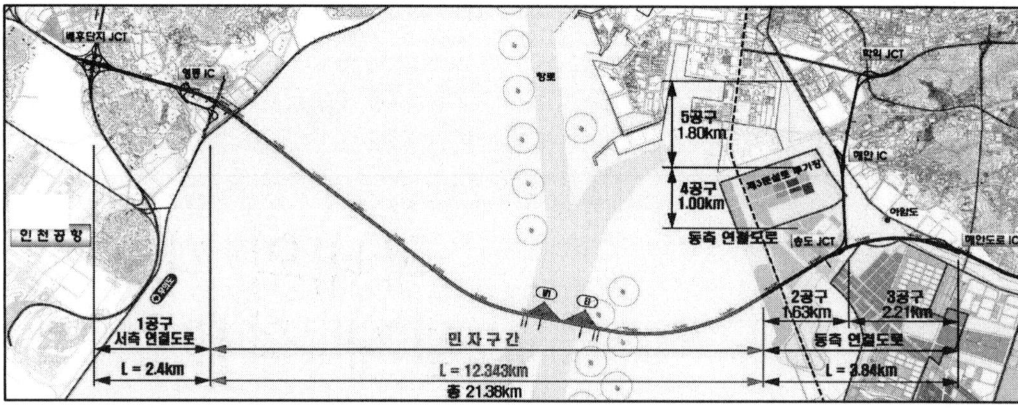

그림 5.1 인천대교 및 연결 도로의 노선도

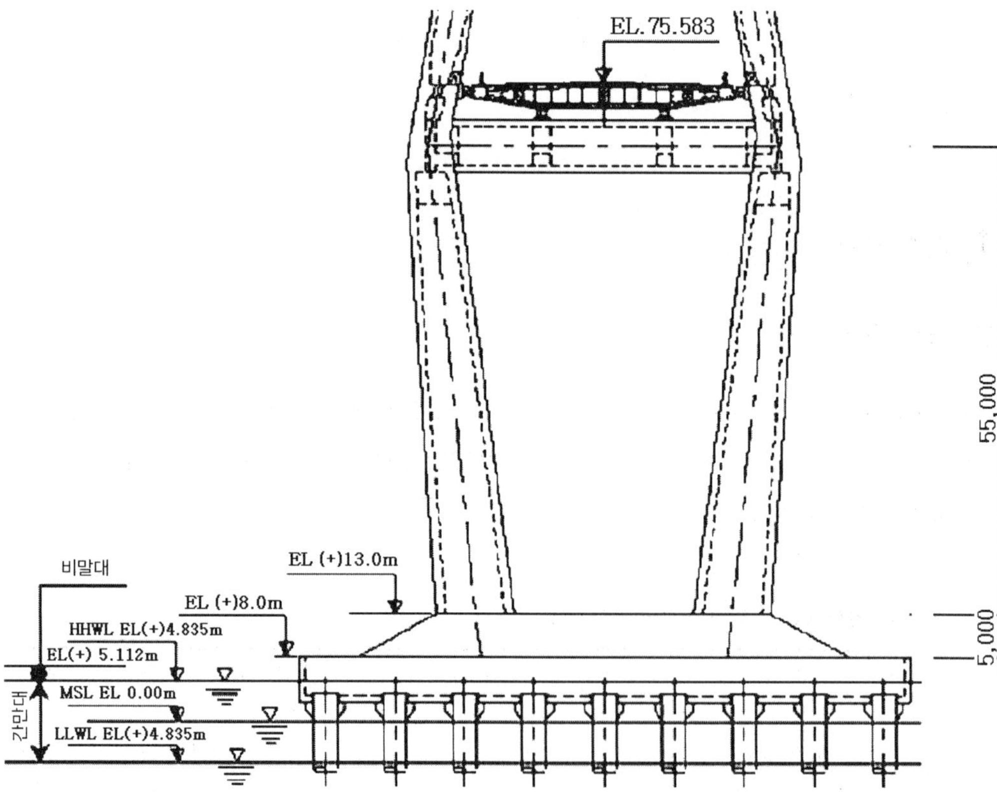

그림 5.2 인천대교의 염해 노출 환경의 구분

5.1.2 내구성 설계 개요

1) 내구성 설계

인천대교 콘크리트 구조물의 내구성 설계는 기존의 국내 해상 교량에 비하여 강도 등급을 상향 조정하여 하부 구조는 30~35 MPa급, 상부 구조는 40~45 MPa급의 콘크리트가 적용되었으며, 고로 슬래그 미분말 등을 사용하여 콘크리트의 밀실화와 피복 두께의 조절을 통해 내구 수명 100년을 확보하고자 하였다.

내구성 설계는 콘크리트 표준시방서 내구성 편에 준하여 수행하였고, 염화물 침투 예측 및 철근 부식 개시 시기 평가는 미국콘크리트학회 수명평가 위원회(Committee 365)에서 개발한 Life-365 프로그램을 사용하여 수행하였다(3.3.4절 참조).

한편, 철근 부식 개시 시기를 예측하기 위하여 필요한 표면 염소 이온 농도는 간만대, 비말대 및 해상 대기부로 구분(그림 5.2 참조)하고 국내의 서남해안에서 실측된 연구 결과를 적용하였으며, 콘크리트의 확산계수는 적용될 콘크리트 배합의 촉진 염소 이온 확산 실험 결과를 토대로 예측되었다. 또한 연간 온도 이력은 인천 지역의 기상 자료를 반영하였다.

2) 염소 이온 확산 해석 결과 및 설계 피복

염해 노출 환경 구분에 근거하여 구조물의 종류별, 강도 및 사용된 혼화재의 종류별 해석 결과를 그림 5.3~5.5에 정리하였다. 그림 5.3~5.5는 노출 환경 및 콘크리트 종별로 100년 시점에서의 깊이별 염소 이온 농도 분포와 철근 위치에서의 염소 이온 농도 증가에 대한 해석 결과를 정리한 것으로 내구 수명이 간만대 및 비말대는 약 100년, 해상 대기부에서는 약 200년 이상을 상회하였다. 한편, 염소 이온의 확산 해석 결과를 토대로 최종 설계에 적용된 피복 두께에 대한 결과를 표 5.2에 정리하여 나타내었다.

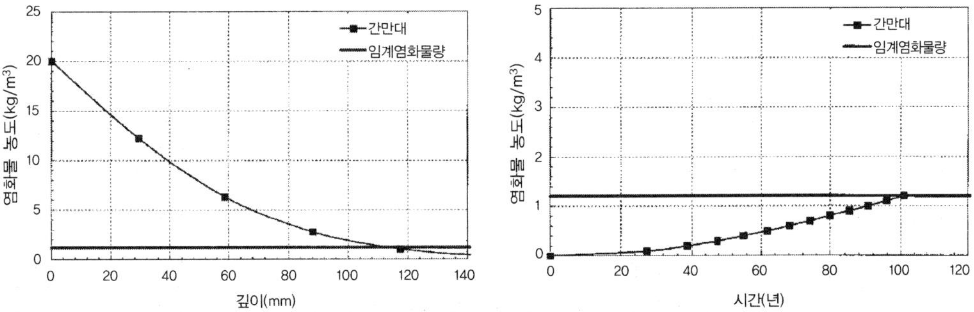

(a) 깊이에 따른 농도 변화(설계강도 30MPa, 100년)　　(b) 시간에 따른 염소 이온 농도 변화(설계강도 30MPa)

그림 5.3 RCD 말뚝의 염소 이온 확산 해석 결과(간만대)

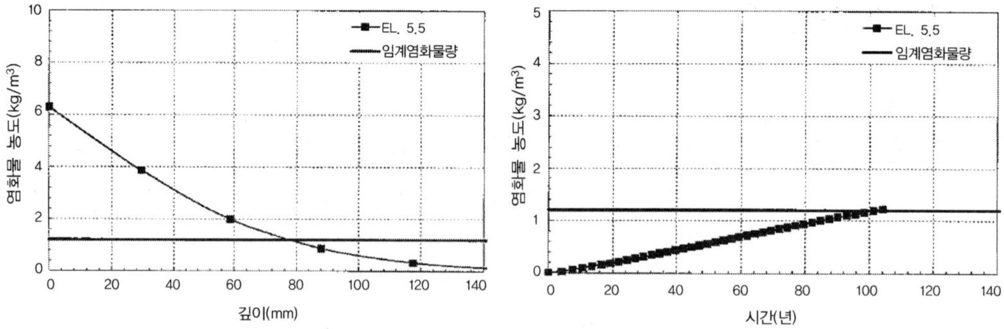

(a) 깊이에 따른 농도 변화(설계강도 35MPa, 100년) (b) 시간에 따른 염소 이온 농도 변화(설계강도 35MPa)

그림 5.4 교각의 염소 이온 확산 해석 결과 (E.L. 5.5m)

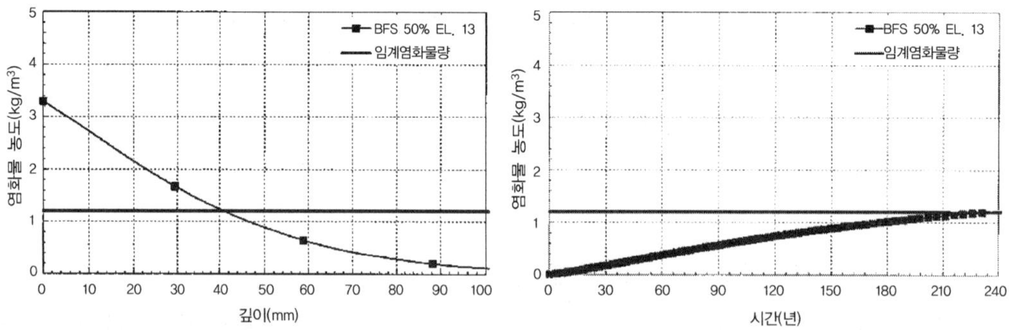

(a) 깊이에 따른 농도 변화(설계강도 45MPa, 100년) (b) 시간에 따른 염소 이온 농도 변화(설계강도 45MPa)

그림 5.5 사장교 주탑의 염소 이온 확산 해석 결과(E.L. 13m)

표 5.2 구조물의 종류 및 노출 환경별 설계 적용 피복두께

부재의 종류	노출 환경 구분	콘크리트의 종류		표면 염소 이온 농도 (kg/m³)	부식 임계 염소 이온 농도 (kg/m³)	설계 적용 피복 두께 (mm)
		설계강도	혼화재			
말뚝	해수중	30 MPa (W/B 40%)	BFS 50%	23.0	2.4	108
	간만대			20.0	1.2	115
교각	간만대	35 MPa (W/B 38%)	BFS 50%	20.0	1.2	117
	EL 5.5			6.3	1.2	90
	EL 7.0			4.7	1.2	75
사장교 주탑	EL 13.0	45 MPa (W/B 32%)	BFS 50%	3.3	1.2	68
고가교 거더	EL 10.0		BFS 50%	3.9	1.2	50
			FA 15% + BFS 35%	3.9	1.2	50
접속교 거더	EL 34.0		BFS 50%	2.1	1.2	45
			FA 15%+BFS 35%	2.1	1.2	45

5.2 부산-거제 간 연결 도로 콘크리트 구조물

5.2.1 공사 개요

부산~거제 간 연결 도로 프로젝트는 거제도와 가덕도를 연결하는 부산~거제 간 연결 도로 민자투자사업으로 그림 5.6과 같이 총 연장은 8.2 km이며, 왕복 4차선 도로로 계획된 2개의 사장교를 포함하여 총 8개의 교량(4.5 km) 구간과 침매터널(3.7 km) 구간으로 계획되어 2010년 완공되었으며 사업의 개요는 표 5.3과 같다.

표 5.3 사업의 개요

구 분	내 용	비 고
구 간	경남 거제시 장목면(거제도)~부산 천성도(가덕도)	-
규 모	연장 8.2 km, 왕복 4차로	침매터널 구간 3.7 km, 교량 구간 4.5 km
사 업 비	14,469억원	정부 4,473억원, 민자 9,996억원
사업 기간	2004~2010년(72개월)	공사 기간 6년
시 행 사	경상남도, 부산광역시	-

그림 5.6 부산~거제 간 연결 도로 사업의 조감도

5.2.2 내구성 설계 개요

1) DuraCrete 모델의 적용

DuraCrete 모델에서는 염화물 침투와 콘크리트의 탄산화 등 각종 열화 인자 등을 고려하여, 100년의 설계 수명 동안 90 퍼센트의 확률로 초기 부식 발생을 방지할 수 있는 콘크리트의 최소 피복 두께와 내구성에 대한 가장 중요한 변수 중 하나인 최대 염소 이온 확산계수를 제시한다.

내구성 설계의 기본적인 목표는 염화물 침투 및 탄산화 등의 열화 메커니즘에 대하여 목표 내구 수명 동안 구조물이 일상적인 유지 관리하에서 충분한 안전도를 확보하는 데 있으며, 기본적인 설계 개념은 콘크리트 구조설계기준인 하중저항계수설계법(LRFD)과 일관성을 같이 한다.

이러한 개념하에 목표 내구 수명 동안에 구조물의 각종 열화 인자에 저항하도록 재료 배합 및 구조 상세를 결정하고 이를 적용하는 절차로 수행되었다. 즉, 해양 환경하에서 지배적인 염소 이온의 침투와 관련된 열화 메커니즘을 대상으로 설계 방식, 하중과 저항의 설계 변수, 각종 특성 값 그리고 각 하중 및 저항 변수 등과 같은 부분계수를 적용하였는데, 이때 부분계수들은 설계된 구조물이 고려하는 각각의 한계 상태에 대하여 일정한 허용값을 갖도록 하고 있다.

DuraCrete 모델을 적용한 내구성 평가 시에는 부식이 시작되는 시점인 부식 임계 염소 이온 농도에 도달하는 상태를 구한다. 즉, 설계 값으로 임계 염소 이온 농도 c_{cr}^{d}, 표면 염소 이온 농도 $c_{s,Cl}^{d}$ 와 피복 두께 x^{d}, 그리고 시간에 따른 저항계수 $R_{Cl}^{d}(t)$ 등을 고려한다. 여기서 저항계수의 경우는 촉진 시험 장치를 이용하여 구한 염소 이온 확산계수와 양생계수, 환경계수 및 재령계수 등을 고려하여 결정한다.

2) 부산~거제 간 연결 도로 구조물의 내구성 설계기준

(1) 구조물의 위치와 환경에 따른 노출 등급

부산~거제 간 연결 도로 구조물의 주변 환경 조건은 해안 환경으로 염해를 주된 열화 인자로 하고 있으므로, 교량과 침매터널 모두 표 5.4와 같은 노출 등급으로 분류하였다.

표 5.4 노출 등급에 따른 구조물의 분류

노출 등급 분류	교량 구조물	터널 구조물	환경 조건
대기 구간 (+3.5 m 이상)	교각, 주탑, 교대, 상판 슬래브	내측 벽체, 내측 상부 및 하부 슬래브	유해 이온 농도가 서서히 증가
비말대 구간 (−9.5~+3.5 m)	교각, 주탑, 케이슨	−	반복되는 건습 작용으로 인한 매우 심한 부식 환경
수중 구간 (−9.5 m 이하)	케이슨 하부	외측 벽체, 외측 상부 및 하부 슬래브	구조물의 모든 부분이 해수에 노출

(2) 설계 입력 변수의 결정

표 5.4에서 나타낸 노출 등급에 따른 입력 변수로 사용된 실제 자료를 실제 구조물로부터의 측정 값, 실험 결과, DuraCrete에 의한 조사 및 일부 공학적인 판단을 근거로 다음과 같이 결정하였다.

- 표면 염소 이온 농도, Cl_s^- : 노출 등급에 따라 결합재 중량의 2~4%
- 초기 염소 이온 농도, Cl_o^- : 콘크리트 내부의 염소 이온양으로서 결합재 중량의 0.1%
- 염소 이온 확산계수, D_{Cl}^- : NT Build 492 기준에 의해 결정되는 염소 이온의 확산 속도를 나타내는 값으로 $2.0 \sim 7.0 \times 10^{-12}$ m²/sec
- 부식 임계 염소 이온 농도, Cl_{cr}^- : 노출 등급에 따라 결합재 중량의 0.6~1.8%
- 재령계수, n : 염소 이온 확산계수의 시간 의존성을 나타내는 지수(0.3~0.6)

(3) 설계수명의 결정과 허용기준

부산-거제 간 연결 도로 구조물에 요구되는 내구성 설계의 품질 기준은 아래와 같다.

- 목표 내구 수명 : 100년
- 내구 연한의 종료 시점 : 철근의 부식 시작점(부식 진행 기간은 포함되지 않음)
- 신뢰성 지수 : β = 1.3 (신뢰도 90%)

3) 내구성 설계 결과

부산-거제 간 연결도로 구조물의 내구성 설계의 결과는 표 5.5에 제시된 최대 염소 이온 확산계수와 최소 콘크리트 피복 두께를 설계 원칙으로 제시하였고, 재령계수는 적용이 가능한 값 중에서 가장 낮은 값을 사용하였으며, 각각에 대한 신뢰성 지수의 검토 결과는 그림 5.7 및 5.8과 같다.

표 5.5 내구성 설계에서 제시된 구조물별 조건

노출 등급 분 류	교 량		침 매 터 널	
	최대 염소 이온 확산계수 ($\times 10^{-12}$ m²/sec)	최소 피복 두께 (mm)	최대 염소 이온 확산계수 ($\times 10^{-12}$ m²/sec)	최소 피복 두께 (mm)
대기 구간	3.5	50	6.0	75
비말대 구간	3.5	75	–	–
수중 구간	6.5	75	6.0	75

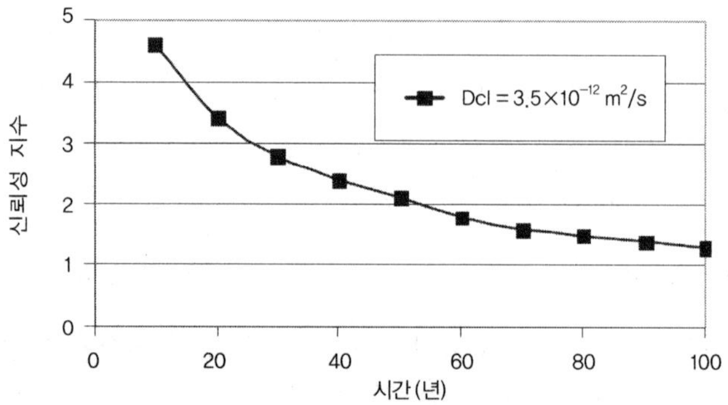

그림 5.7 사용 연한에 대한 신뢰성 지수–교량대기부

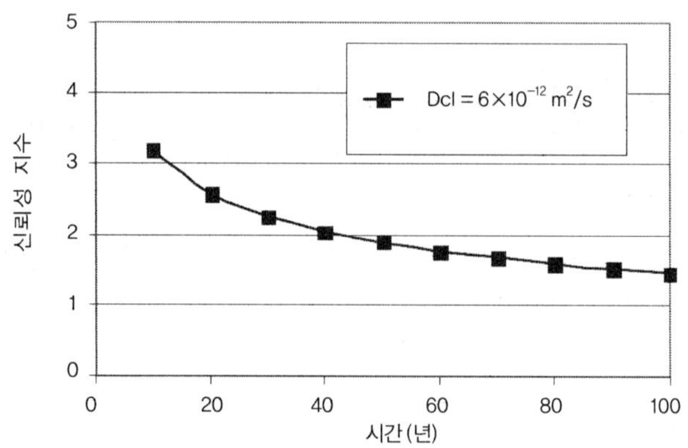

그림 5.8 사용 연한에 대한 신뢰성 지수–터널수중부

5.3 일본 츄부(中部) 국제공항 연락 철도교

5.3.1 공사 개요

츄부 국제공항 연락 철도교는 일본 나고야 시에서 남쪽으로 40 km 정도 떨어진 츄부 국제공항을 연결하는 해상 철도교로서 12개의 해상 교각을 갖는 1.1 km PC 박스 거더 라멘교이다. 일본에서 철도 해상교로서는 가장 큰 규모로서, 가혹한 해양 환경에 노출되어 있어 '츄부 국제공항 연락 철도 해상교 기술검토위원회'를 만들어, 설계 내구 수명 100년으로 하여 추후 유지 관리 및 안전성, 경제성을 고려해 내구성 설계를 수행하였다.

- 사업 주체 : 츄부 국제공항연락철도(주)
- 발주처 : 철도건설 · 운수시설 정비지원기구 철도건설본부 나고야건설국
- 시공사 : 타이세이, 하지마 등 8개사
- 공사 기간 : 2001년 3월 ~ 2004년 1월
- 구조 형식 : 3경간 연속 PC 박스 라멘교 + 4경간 연속 PC 박스 라멘교 2연
- 경간장 : 95 m + 2@100 m = 295 m, 4@100 m = 400 m, 3@100 m + 81 m = 381 m
- 교량 전체 길이 : 1,076 m
- 폭원 : 9.46 m

그림 5.9 츄부 국제공항 철도 연락교 위치도

5.3.2 내구성 설계 개요

1) 설계 제원 및 내구성 평가 항목

이 교량은 해상 교량으로서 그림 5.10과 같이 교각은 해중 및 비말대에, 상부 구조는 해상 대기부에 위치하고 있다.

설계 내구 수명을 100년으로 정하고, 이 기간 동안 콘크리트 구조물이 소요의 성능을 확보할 수 있도록 탄산화, 염화물 침투에 의한 강재 부식, 시공 시 균열 발생, 알칼리 골재 반응 등의 항목에 대해서 내구성 평가를 실시하였다.

철근 피복 두께 및 콘크리트 물-시멘트비 등은 상부 구조 거더의 경우 「도로교 염해대책 지침(안)·동해설」을 적용하여, 박스 거더 외측부의 최소 피복 두께는 70 mm, 박스 내부 35 mm, 난간 50 mm로 하였고, 교각의 경우는 「콘크리트 표준시방서(일본토목학회 1996년판)」를 적용하여 최소 피복 두께를 100 mm로 정하였다. 그러나 주 철근의 기계적 이음 커플러부를 감고 있는 띠철근은 이 기준을 만족하지 못하였으므로, 이 부분은 에폭시 수지 도장 철근을 사용하는 것으로 하였다.

물-시멘트비는 거더부, 교각부 모두 45 퍼센트 이하로 하여, 이러한 설계 사양들에 대하

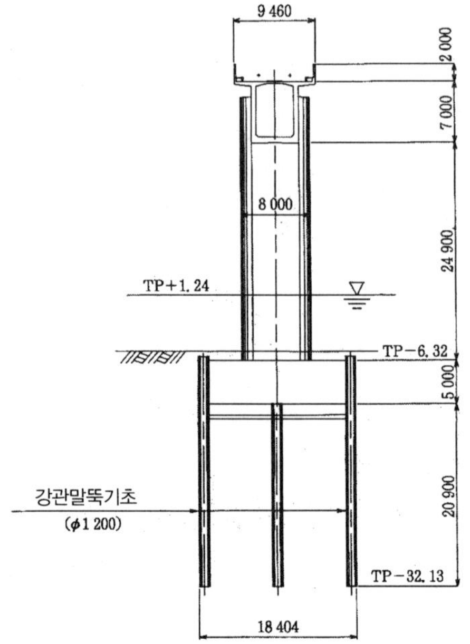

그림 5.10 교각 단면도 및 해수 접촉 부위

여 설계 내구 수명을 만족하는지에 대한 내구성 평가를 「일본토목학회 1999년판 콘크리트 표준시방서-내구성 조사형」을 적용하여 실시하였다.

2) 내구성 평가 결과 및 교각부 내구성 향상 대책 적용

(1) 탄산화 평가 결과

콘크리트 피복 두께 중 중성화 잔존 두께 25 mm를 적용하여 내구성 평가를 실시한 결과, 염해 대책에 의해 확보된 피복 두께로 하였을 때 탄산화에 대한 문제는 없는 것으로 판단되었다.

(2) 염소 이온 침투에 의한 강재 부식 평가 결과

100년 설계 내구 수명 기간 동안 철근 위치에서의 염소 이온 농도는 표 5.6과 같았다. 해중 교각의 비말대에 대하여 고로 슬래그 시멘트를 사용한 경우에도 100년 후 철근 위치에서의 염소 이온 농도가 5 kg/m³보다 커지는 예측 결과가 나와, 일본콘크리트협회 해양콘크리트 지침에 따라 제 1종, 2종 방식법을 병용하여 내구성 향상을 도모하였다.

적용한 제 2종 방식법은 폴리머 함침 콘크리트로 만든 고내구성 매설 형틀 공법으로서, 매설 형틀에 의한 교각 표면 피복 범위에 대해서는 평균 조위면에서 높이에 따른 영향도를 평가하여 결정하였다. 매설 형틀을 사용하지 않은 경우의 평균 조위면에서 높이에 따른 염소 이온 침투 농도는 그림 5.11과 같다.

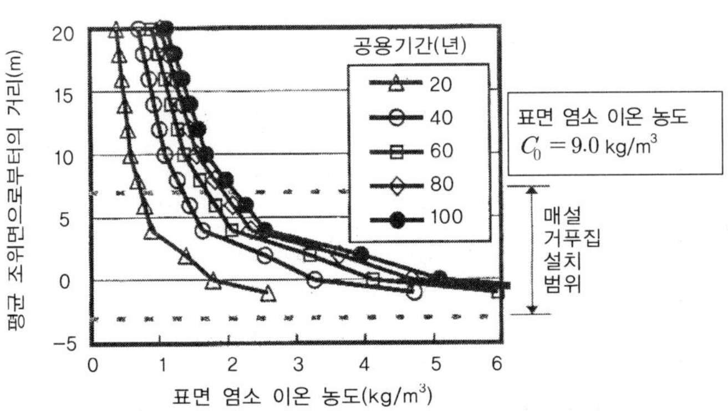

그림 5.11 **공용 기간과 염소 이온 농도의 교각 수직 방향 분포**

표 5.6 내구성 평가 조건과 평가 결과

구조물	검토 부위	위치	사 양				탄산화 평가[1]	염해 평가		판정
			시멘트 종류	W/C (%)	피복두께(mm)		평가 결과 (년)	C_o (kg/㎥)	평가 결과[2] (kg/㎥)	
					상부 구조	하부 구조				
P1교각	교각 구체	해안선 부근	고로 슬래그B	< 45		100	> 485	9.0	2.92	적용
P2~P13 교각	교각 구체	비말대	고로 슬래그B	< 45		100	1,348	13.0	5.12	NG
	교각 구체 (매설 형틀)	비말대 (MWL+7.0m 까지)	고로 슬래그B	< 45		100	생략		0.67	NG (온도균열)
	교각 구체 (매설 형틀)	비말대 (MWL+7.0m 까지)	저열	< 45		100	생략		0.71	적용
	교각 구체 (코핑)	해상 대기중 (MWL+7.0m 이상)	고로 슬래그B	< 45		100	생략	3.8	1.48	NG (온도균열)
	교각 구체 (코핑)	해상 대기중 (MWL+7.0m 이상)	저열	< 45		100	생략		2.53	적용
P14교각	교각 구체	해안선에서 40m	고로 슬래그B	< 45		100	> 485	7.0	2.27	적용
PC 라멘교 (P2~P13)	거더 (철근 피복)	해상 대기중	조강	< 38[3]	70		∞	2.0	1.40	적용
	거더 (PC 강재 피복)	해상 대기중	조강	< 38[3]	95		∞	2.0	1.05	적용
난간	RC 벽체	해상 대기중	보통	< 45	50		213	2.0	1.94	적용

주 1) 피복 두께 중 탄산화 잔존 깊이가 25 mm가 되는 연수.
2) 설계 내구 수명 100년 후 최외곽 철근 표면 위치에서의 염소이온 농도.
3) 소요 강도로부터 구한 물-시멘트비.

표 5.7 콘크리트 배합비

부위		설계 기준 강도 (N/㎟)	시멘트 종류	최대 W/C (%)	Gmax (mm)	슬럼프 (mm)	공기량 (%)	W/C (%)	s/a (%)	단위 재료량(kg/㎥)				
										W	C	S	G	고성능AE 감수제
교각	코핑	30	저열	50	20	18	4.5	50	50.5	155	310	926	1037	3.57
	기둥	30	저열	45	20	18	4.5	45	49.5	153	340	897	1046	5.54
거더	세그먼트	50	조강	45	20	18	4.5	38	45.0	160	160	767	965	3.37

매설 형틀을 사용할 경우, 콘크리트 표면 염소 이온 농도는 13.0 kg/m³이고 매설 형틀의 염소 이온 확산계수는 보통 콘크리트의 1/10로 가정하여 염소 이온 침투 예측을 실시한 결과, 철근 위치에서의 염소 이온 농도가 최대 0.71 kg/m³로서 염해 내구성을 충분히 확보하는 것으로 나와 효과적인 내구성 향상 대책이라고 판단되었다.

실제로 현장에서 사용된 콘크리트 배합은 표 5.7과 같다.

5.4 Western Scheldt Tunnel

5.4.1 공사 개요

Western Scheldt Tunnel은 네덜란드 Ellewoutsdijk과 Terneuzen 지역 사이를 연결하는 Highway N62 상의 네덜란드에서 가장 긴 장대터널로서 2003년 3월 개통되었다. 외경 11.0 m, 전체 길이 6.6 km의 Two-tube 침매터널로서, 총 공사비는 5억 유로가 소요되었다. Western Scheldt Tunnel Company가 95.4 퍼센트, Zeeland 주정부가 4.6 퍼센트의 지분을 가지고 있다. 이 터널의 내부 라이닝 전경은 그림 5.12에 도시하였다.

그림 5.12 **터널 내부 라이닝 전경**

5.4.2 내구성 설계 개요

DuraCrete 모델이 실 구조물에 적용된 최초의 콘크리트 구조물로서, 침매터널과 램프가 철근 콘크리트로 구성되어 있다. 침매터널은 외부는 염화물이 함유된 토양에 둘러싸여 있고, 벽체의 내부는 자동차 배기가스에 의한 탄산화와 염분이 함유된 안개와 비말대 환경에 놓여 있어 목표 내구수명 100년으로 내구성 설계를 수행하였고, 강재 부식에 의한 사용성 한계 상태에 있어 신뢰도 지수 β_0는 1.5~1.8로 정하였다.

표 5.8 성능과 신뢰성 수준 규정

한계상태	상태	신뢰성 지수, β_0
사용성 한계상태	강재 부식 개시	1.5~1.8 (EC 1, NEN 6700)
사용성 한계상태	부식으로 인한 피복 탈락	2.0~3.0 (제안)
극한 한계상태	구조물 붕괴	3.6~3.8 (NEN 6700, EC 1)

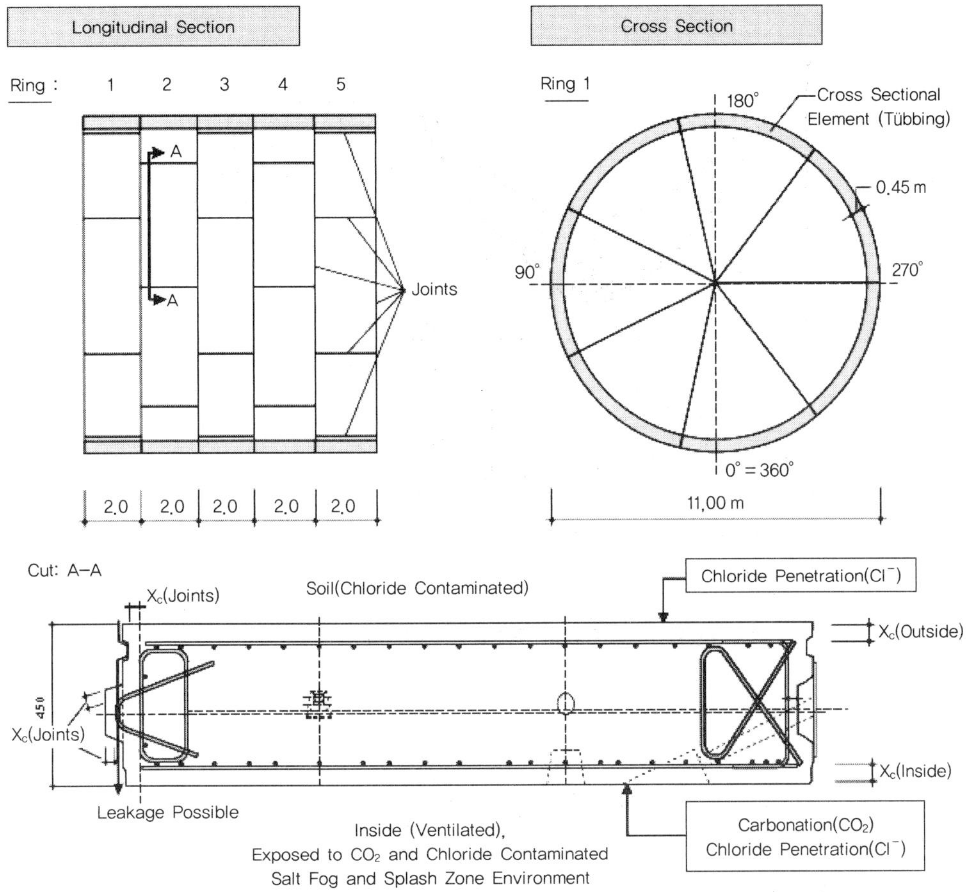

그림 5.13 **Western Scheldt 침매터널의 형상**

염소 이온 침투 예측에는 식 (5.1) ~ (5.3)과 같은 시간 의존적인 확산에 의한 침투 모델 결과식을 사용하였고, 확률론적 해석을 위한 각 변수는 표 5.9에 나타내었다. 그림 5.13에서 보이듯이 콘크리트 라이닝은 원형 형태의 프리캐스트로 시공되어 정밀한 피복 시공이 가능하였는데, 콘크리트 피복 두께 x_c는 50 mm로 설계되었다.

염소 이온 확산계수는 Rapid Chloride Migration Test의 방법으로 T_0(28일 재령)에서의 확산계수를 측정하여 사용하였고, 확산계수의 재령 의존성계수 n을 고려하여 해석하였다. 철근 부식 임계 염소 이온 농도는 1989년 Durable Concrete Structure를 위한 CEB의 디자인 가이드에 나와 있는 콘크리트 수분 함량과 피복 콘크리트의 품질을 고려한 임계 염소 이온 농도를 참조하여, 해수 접촉 환경별로 콘크리트 품질을 고려하여 부식 임계 염소 이온 농도를 적용하였다(그림 5.14 참조).

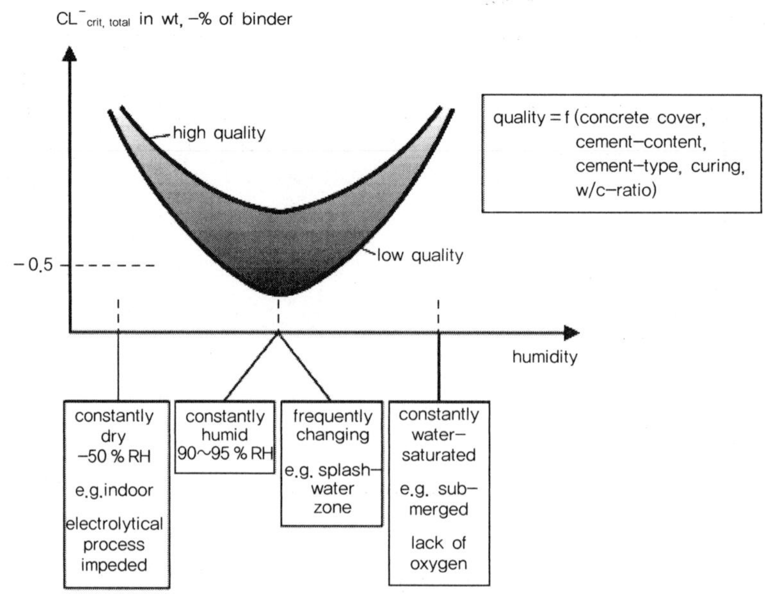

그림 5.14 **염해 환경과 피복 콘크리트 품질과의 상관관계**

$$x(t) = 2 \cdot C_{(Crit)} \cdot \sqrt{k_t D_{RCM,0} k_e k_c \left(\frac{t_0}{t}\right)^n t} \tag{5.1}$$

$$k_t \cdot D_{RCM,0} = D_0 \tag{5.2}$$

$$C_{(Crit)} = erf^{-1}\left(1 - \frac{C_{Crit}}{C_{SN}}\right) \tag{5.3}$$

표 5.9의 자료를 적용하여 해석한 결과, 그림 5.15에서 보이는 바와 같이 콘크리트 피복 x_c는 목표 내구 수명 100년을 만족하는 것으로 나타났다. 공용 기간 100년에서의 신뢰도 지수 β_0는 2.0으로서 당초 요구하였던 1.5~1.8보다 큰 것으로 나타났다.

표 5.9 염소 이온 침투 해석에 사용된 확률론적 변수

변수 번호	변 수	단 위	μ	σ	분포 함수
1	x_c (피복 두께)	mm	50	5	베타 분포
2	$D_{RCM,0}$ (확산계수)	10~12 ㎡/s	4.75	0.71	정규 분포
3	C_{crit} (부식 임계 염소 이온 농도)	wt%/binder	0.70	0.10	정규 분포
4	n (재령계수)	–	0.60	0.07	정규 분포
5	k_t (시험계수)	–	0.85	0.20	정규 분포
6	k_e (환경계수)	–	1.00	0.10	정규 분포
7	k_c (시공계수)	–	1.00	0.10	정규 분포
8	C_{SN} (표면 염소 이온 농도)	wt%/binder	4.00	0.50	정규 분포
9	t_0 (기준 시간)	year	0.0767	–	고정 값

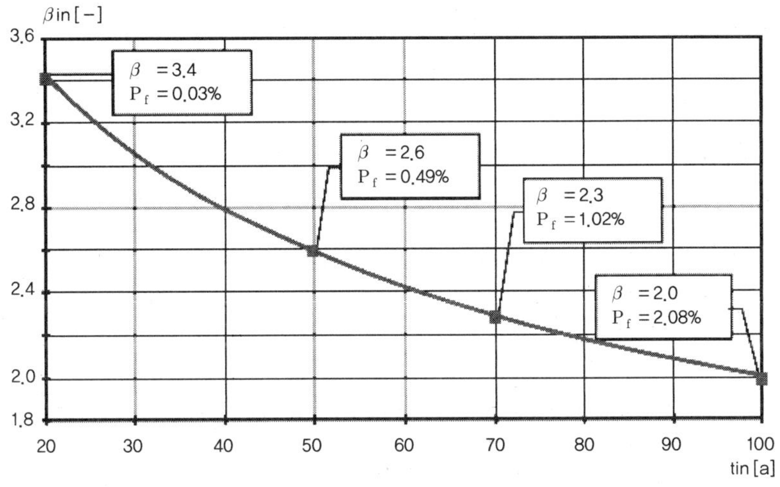

그림 5.15 **공용 기간과 신뢰도 지수 결과**

5.5 Confederation Bridge

5.5.1 교량 개요

Confederation Bridge는 그림 5.16과 같이 캐나다 동부 연안의 뉴 브런스윅(New Brunswick)과 프린스 에드워드 섬(Prince Edward Island)을 연결하는 교량으로 1997년 6월에 노섬벌랜드(Northumberland) 해협을 가로질러 완공되었다. Confederation Bridge를 건설하게 된 이유는 연락선의 운항보다 교량의 유지 비용이 저렴하다는 이점이 있으며, 기상 환경의 변화에 영향을 받지 않으면서 적어도 100년 이상의 수명 연한을 가진 도로를 건설하는 것이 경제적이었기 때문이다. 교량의 엄격한 설계 조건을 만족시키기 위해 다양한 종류의 고성능 콘크리트를 사용하였으며, 이는 구조물 최적화와 장기적인 내구성 증진, 경제성을 고려한 교량 설계에 많은 영향을 미쳤다.

5.5.2 교량 구조의 구조 설계 및 내구성 설계 개요

교량은 Complex multi-span box girder 구조로 이루어져 있으며 총 연장은 12.9 km이다. 주 교량은 250 m 길이의 44개의 경간으로, Approach section은 각각 93 m인 6개의 경간으로 구성되어 있다. 그림 5.17에 교각과 메인 거더의 대표 단면이 주어져 있다.

기본적인 구조용 콘크리트(A 콘크리트)의 강도는 28일 강도가 55 MPa, 91일 강도가 60 MPa로 결정되었다. 교량 전체적으로 경제적인 설계에 도달하기 위해 최적화된 단면이 요

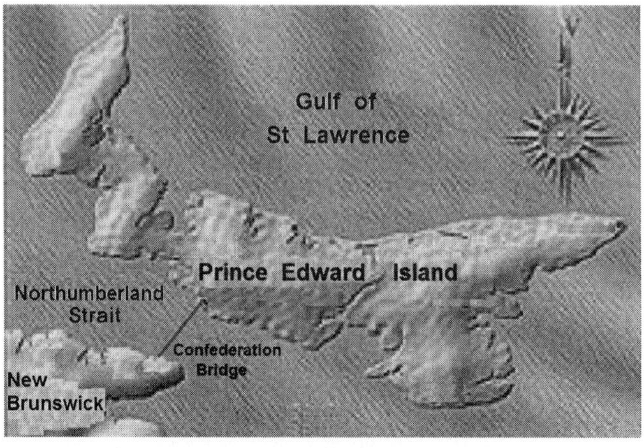

그림 5.16 Confederation Bridge의 위치도

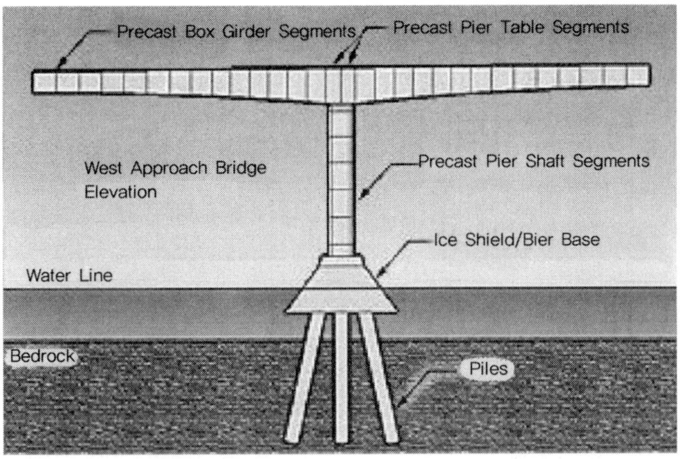

그림 5.17 **교각과 메인 거더의 대표 단면**

구되었으며, 이것은 고성능 콘크리트를 사용함으로써 쉽게 해결되었다.

교량은 해양 환경에서 사용 연한 100년이 확보될 수 있도록 설계되었다. 내구 수명 평가는 Life-365 프로그램이 사용되었으며, 부식 임계 염소 이온 농도는 시멘트의 질량의 0.4 퍼센트를 적용하였다. 또한 고성능 콘크리트의 염소 이온 확산계수의 시간 의존성을 고려한 염소 이온 침투 해석 결과 고성능 콘크리트를 사용하고 조사와 유지 보수 관리를 적절히 시행하면, 구조물의 내구 수명 100년을 만족시킬 수 있다는 결론을 얻었다.

5.5.3 사용된 콘크리트의 재료와 배합

모든 콘크리트 제조에는 저알칼리 실리카 퓸이 7.5 퍼센트 혼합된 시멘트가 사용되었다. 이 특수 시멘트는 pH와 염소 이온의 임계 수준을 감소시키는 OH^-의 양을 줄일 수 있어 특수한 환경 조건과 엄격한 설계 조건을 만족시킬 수 있었다. 또한 수화열 발생 저감, 침투성 감소, 시공성 증대, 공기량 감소에 대해 효과가 있다고 알려져 있는 저칼슘 플라이애쉬가 모든 콘크리트에 사용되었다. 골재에 대하여 알칼리 골재 반응, 황철광의 존재, 불량한 결정 구조, 과도한 공극 등 장기간의 내구성에 있어서 문제가 될 수 있는 여러 문제에 대해 조사를 실시한 후 굵은 골재로는 양질의 화강암을, 잔 골재로는 자연산 석영 모래가 선정되었다.

교량 건설에는 주로 3가지 종류의 콘크리트가 사용되었다. A 콘크리트는 거더와 교대 기둥, 교대 기초 등 구조용 콘크리트로 사용되었으며, A100 콘크리트는 Breaking cone으로 사용된 마모저항용 고강도 콘크리트이며, C 콘크리트는 매스 콘크리트 구조물과 교대 기초의 수화열을 감소시킬 목적으로 사용되었다. 종류별 콘크리트의 배합 요구 조건과 배합비가 각각 표 5.10과 5.11에 정리되어 있다.

표 5.10 Confederation Bridge 콘크리트 배합 요구 조건

요구 조건	A 콘크리트	A100 콘크리트	C 콘크리트
최소 시멘트양 (kg/m^3)	450	450	300
최대 물-결합재비	0.34	0.25	0.36
최대 급속 염소 이온 투과성 (coulomb)	1000	125	−
최대 수분 투과성 − 28일 (cm/sec)	10^{-14}	10^{-14}	−
최대 공극 간격 (㎛)	260	260	260
평균 공극 간격 (㎛)	< 230	< 230	< 230
91일 설계기준강도 (MPa)	60	80	40

표 5.11 Confederation Bridge에 사용된 콘크리트 배합비 (kg/m^3)

콘크리트 종류	단위 수량	실리카 퓸 시멘트	플라이 애쉬 시멘트	잔골재	굵은 골재 (20~10mm)	굵은 골재 (10~5mm)	혼화제 (ml/m^3)			
							AE제	유동화제	감수제	지연제
A	145	430	45	705	565	465	180	3,200	1,800	−
A100	142	520	60	562	550	550	350	6,000	1,600	580
C	159	307	133	745	580	475	90	1,100	−	−

06 장

염해 내구성 설계 예제

6.1 개요

앞서 확률론적 염해 내구성 설계 기법과 설계 사례를 소개하였다. 이 장에서는 내구성 설계 방법과 절차에 대한 이해를 돕기 위해 몇 가지 예제를 제시하고, 기존 콘크리트 표준시방서 규정에 따라 설계할 경우와 확률론적 내구성 설계 기법을 적용하여 설계할 경우를 상호 비교해 보고자 한다.

6.2 염해 내구성 설계 예제

6.2.1 현행 콘크리트 구조설계기준(2007) 및 콘크리트 표준시방서(2009)에 의한 설계

현행 콘크리트 구조설계기준(2007) 및 콘크리트 표준시방서(2009)에 따르면 염소 이온에 노출되는 해양 콘크리트의 배합은 아래 기준에 따라 정해져야 한다.

- 최대 물-결합재비 : 0.40
- 최소 설계기준강도 : 35 MPa

- 최소 단위 결합재량 : 330 kg/m^3
- 최소 피복 두께 : 80 mm

6.2.2 확률론적 염해 내구성 설계

1) 예제 1 : 해수에 직접 노출되는 구조물(간만/비말대)

(1) 목표 내구 수명, 신뢰도 지수 및 한계 상태 방정식의 정의

- 목표 내구 수명 : 100년
- 목표 신뢰도 지수 : 1.2816 (부식 개시 확률 10 %)
- 한계 상태 방정식 :

$$g = C_{cr} - C_i - (C_{en} - C_i)\, erfc\left(\frac{x}{2\sqrt{D_m\, t}}\right)$$

$$D_m = \frac{D_0}{1-n}\left(\frac{t_0}{t}\right)^n$$

(2) 입력 설계 변수

각 설계 변수의 평균, 표준편차 및 확률 분포는 아래 표와 같이 가정한다.

입력 변수	단위	노출 조건	평균(μ)	표준편차(σ)	분포 함수
D_0 (확산계수)	m^2/s	간만/비말대	$2 \sim 7 \times 10^{-12}$	0.2μ	ND
C_{en} (표면 농도)	% (결합재 중량비)		5.67	0.3μ	ND
C_i (초기 농도)	% (결합재 중량비)		0.07	0.1μ	ND
C_{cr} (임계 농도)	% (결합재 중량비)		1.0	0.1μ	ND
n (재령 계수)	-		0.3~0.6	0.2μ	BD
x (피복 두께)	mm		95	0.1μ	LN

주) ND : normal distribution, BD : beta distribution, LN : log-normal distribution

(3) 설계 결과

확산계수 및 재령 계수에 따른 신뢰도 지수 산정 결과는 아래와 같다.

• 신뢰도 지수

재령계수 n	D_0 (×10^{-12} m^2/s)					
	2	3	4	5	6	7
0.30	1.624	0.766				
0.40	2.449	1.680	1.156			
0.50	2.988	2.313	1.853	1.505	1.223	
0.60	9.313	2.693	2.301	2.004	1.765	1.563

신뢰도 지수 산정 결과에 따라 목표 신뢰도 지수 1.2816을 만족하는 목표(최대) 확산계수는 아래와 같이 산정된다.

• 목표(최대) 확산계수(피복 두께 95 mm)

재령계수 n	D_0 (×10^{-12} m^2/s)
0.30	2.40
0.40	3.76
0.50	5.79
0.60	〉7.0

(4) 콘크리트 배합비 선정 및 확산계수 검증

신뢰도 해석을 통해 결정된 목표 확산계수를 확보하기 위해서는 실제 시험 배합을 거쳐 확산계수와 재령계수를 측정하여 최적의 배합을 도출해야 한다. 확산계수의 측정은 4장에서 설명한 NT Build 492의 측정 방법을 적용할 수 있다. 이 예제에서는 실험 자료가 없으므로 식 (3.13)과 (3.14)를 적용하여 확산계수를 산정한다. 식 (3.14)에 의하면 배합 특성에 따른 재령계수 추정 값은 다음 표와 같이 산정된다.

배합 종류	혼화재 함유량(%, 결합재 중량비)		n
	플라이 애쉬(FA)	고로 슬래그(SG)	
OPC	0	0	0.20
OPC+FA10	10	0	0.28
OPC+FA12.5	12.5	0	0.30
OPC+FA15	15	0	0.32
OPC+SG20	0	20	0.31
OPC+SG40	0	40	0.43
OPC+SG60	0	60	0.54
OPC+FA15+SG30	15	30	0.49

위 표에서 재령계수 0.3 이상의 값을 얻으려면 플라이 애쉬 12.5 퍼센트 이상 또는 슬래그 20 퍼센트 이상을 사용해야 한다는 것을 알 수 있다. 또 식 (3.13)에 따르면 아래 그림에 나타난 바와 같이 물-결합재비에 따라 기준 확산계수(D_0)를 산정할 수 있다. 이 그림에 따르면 재령계수는 최소 0.5 이상이라야 하고, 이때 목표 확산계수 5.79×10^{-12} m^2/s보다 작은 확산계수를 얻기 위해서는 물-결합재비가 0.34 이하라야 함을 알 수 있다. 그리고 고로 슬래그 60 퍼센트 또는 플라이 애쉬 15 퍼센트와 고로 슬래그 30%를 혼입한 3성분계 배합의 적용이 필요하다.

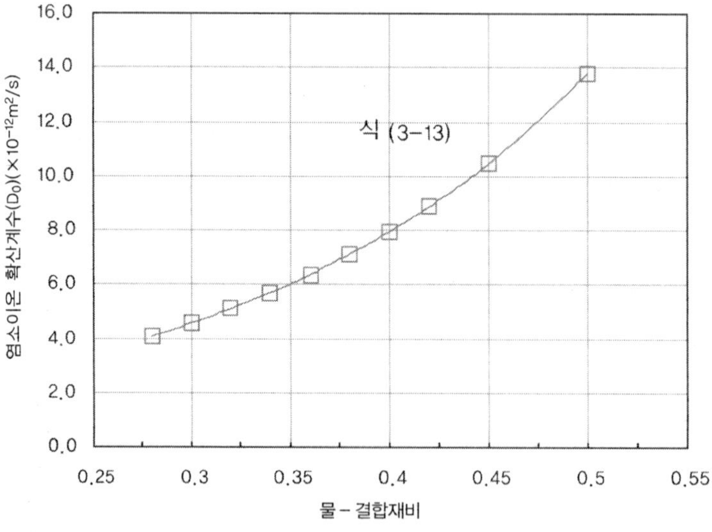

그림 6.1 식 (3.13)에 의한 물-결합재비와 확산계수 관계

2) 예제 2 : 해안가에 위치한 구조물(해양 대기중)

(1) 목표 내구 수명, 신뢰도 지수 및 한계 상태 방정식의 정의

- 목표 내구 수명 : 100년
- 목표 신뢰도 지수 : 1.2816(부식 개시 확률 10%)
- 한계 상태 방정식 :

$$g = C_{cr} - C_i - (C_{en} - C_i)\, erfc\left(\frac{x}{2\sqrt{D_m\, t}}\right)$$

$$D_m = k_e\, k_c\, D_0\left(\frac{t_0}{t}\right)^n$$

여기서, k_e : 환경계수, k_c : 양생계수

(2) 입력 설계 변수

각 설계 변수의 평균, 표준편차 및 확률 분포는 아래 표와 같이 가정한다.

입력 변수	단위	노출 조건	평균(μ)	표준편차(σ)	분포 함수
D_0 (확산계수)	m^2/s	해양 대기중	$1\sim7\times10^{-12}$	0.2μ	ND
C_{en} (표면 농도)	% (결합재 중량비)		2.0	0.3μ	ND
C_i (초기 농도)	% (결합재 중량비)		0.0	-	-
C_{cr} (임계 농도)	% (결합재 중량비)		0.80	0.1μ	ND
n (재령계수)	-		0.2~0.5	0.2μ	LN
x (피복 두께)	mm		80	0.1μ	LN
k_e (환경계수)	-		0.68	0.11	GA
k_c (양생계수)	-		1.0	-	-

주) ND : normal distribution, LN : log-normal distribution, GA : gamma distribution

(3) 설계 결과

확산 계수 및 재령 계수에 따른 신뢰도 지수 산정 결과는 아래와 같다.

• 신뢰도 지수

재령계수 n	D_0 ($\times 10^{-12}$ m^2/s)						
	1	2	3	4	5	6	7
0.20	4.3343	2.7165	1.8574	1.2918	0.8807		
0.25	4.8833	3.2867	2.4324	1.8644	1.4468	1.1211	
0.30		3.8013	2.9567	2.3926	1.9756	1.6484	1.3815
0.35			3.4336	2.8757	2.4623	2.1368	1.8705
0.40			3.8690	3.3177	2.9087	2.5863	2.3220
0.45				3.7208	3.3190	3.0003	2.7385
0.50						3.3804	3.1233

신뢰도 지수 산정 결과에 따라 목표 신뢰도 지수 1.2816을 만족하는 목표(최대) 확산계수는 아래와 같이 산정된다.

• 목표(최대) 확산계수(피복 두께 80 mm)

재령계수 n	D_0 ($\times 10^{-12}$ m^2/s)
0.20	4.02
0.25	5.48
0.30	7.43
0.35	10.02
0.40	13.48
0.45	18.08
0.50	24.21

(4) 콘크리트 배합비 선정 및 확산계수 검증

앞서 예제 1에서와 같이 식 (3.13)과 (3.14)를 적용해 보면 콘크리트 배합비를 추정할 수 있다. 플라이 애쉬 15 퍼센트를 혼입한 경우 재령계수가 0.32가 되므로, 앞서 산정된 재령계수별 목표 확산계수 계산 결과로부터 재령계수 0.32에 해당하는 목표 확산계수를 찾으면

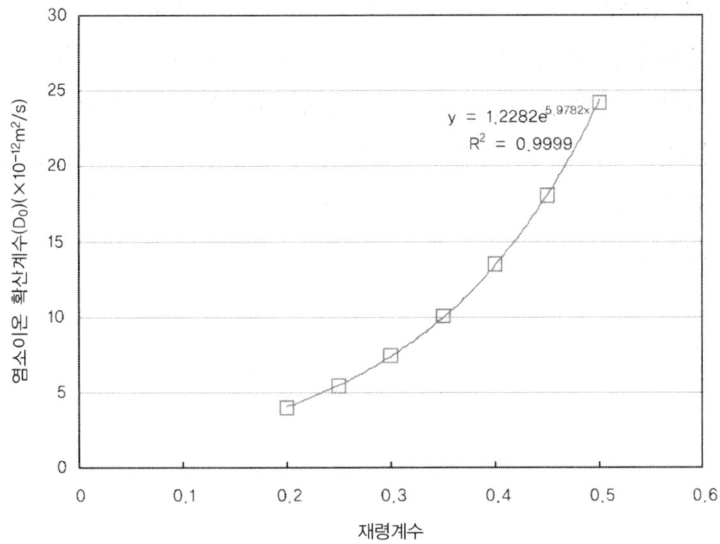

그림 6.2 **재령계수와 염소이온 확산계수 관계(예제 2)**

(그림 6.2 참조) 약 8.32 $\times 10^{-12}$ m^2/s가 된다. 따라서 그림 6.1로부터 물-결합재비는 0.4로 결정된다.

만약 고로 슬래그 40 퍼센트를 혼입한 시멘트를 적용할 경우에는 재령계수는 0.43이 되므로 이 경우 목표 확산계수는 16.06$\times 10^{-12}$ m^2/s가 되고, 따라서 물-결합재비는 0.5 이상이 될 수 있다(그림 6.1 참조).

그러나 이것은 단순히 예측식으로, 추정한 값에 불과하므로 실제 내구성 설계에서는 반드시 시험 배합을 통해 재령계수와 확산계수를 측정하여 배합비를 결정해야 한다.

6.2.3 비교 분석

앞서 내구성 설계 예제를 통해 살펴보았듯이 현행 콘크리트 구조설계기준(2007)과 콘크리트 표준시방서(2009)의 규정을 적용하게 되면 최소 물-시멘트비 0.4, 최소 피복 두께 80 mm를 적용하면 되지만, 확률론적 내구성 설계 기법을 적용해 보면 목표 내구 수명 기간 동안 부식 개시 확률을 10 퍼센트 미만이 되도록 하려면 피복 두께 95 mm를 적용하고도 물-결합재비를 0.34 미만으로 하고 고로 슬래그나 플라이 애쉬를 혼입한 혼합 시멘트를 적용해야 한다. 다시 말해 간만/비말대와 같이 극심한 염해 환경에 노출되는 부분은 현행 규정으로 충분한 내구 수명을 확보할 수 없다는 것을 알 수 있다. 반면에 해양 대기중이나 해수중과 같은 부분은 오히려 과대 설계가 될 수 있을 것이다.

다만 이 예제에서 제시한 결과는 입력 설계 변수에 크게 의존한다는 점을 반드시 유념해야 한다. 특히 표면 염소 이온 농도, 초기 염소 이온 농도, 임계 염소 이온 농도 등이 신뢰도를 결정하는 가장 중요한 설계 변수가 된다. 따라서 이 설계 변수들의 평균값의 범위와 확률 분포 특성을 합리적으로 정하는 것이 매우 중요하며, 이것이 향후 우리에게 주어진 가장 중요한 과제라고 할 수 있다.

참/고/문/헌

1. 김경민 · 배준영 · 조성현 · 노현승 (2007), 염화물 고정화제의 염소 이온 침투저항 특성, 한국콘크리트학회 가을학술발표회 논문집, 제19권, 2호, pp.797~800.
2. 김규용 · 김영봉 · 김영선 · 조봉석 · 김무한 (2008), 탄산화 및 염해의 복합작용에 의한 콘크리트의 결합재 구성에 따른 내구성능 평가에 관한 실험적 연구, 대한건축학회 논문집, 제24권, 제8호, pp.139~146.
3. 김기현 · 차수원 · 최종권 · 장승필 (2006), 목표 신뢰도 확보를 위한 염해에 대한 내구성 설계변수 제안. 대한토목학회 학술발표회 논문집.
4. 김원동 (2005), 염해를 받는 콘크리트 구조물의 확률론적 내구성 설계. 석사학위논문, 연세대학교.
5. 김의태 (2001), 철근 부식에 근거한 철근콘크리트 구조물의 내구성 설계, 석사학위논문, 성균관대학교.
6. 김은겸 · 신치범 · 이윤한 (1997), 콘크리트 구조물의 염화물 이온 침투 거동 해석. 한국콘크리트학회 논문집, 제9권, 제6호, pp.233~241.
7. 김은겸 · 신치범 · 조원일 · 이윤한 (1998), 해안 콘크리트 구조물의 염화물 이온 이동 및 철근 부식에 관한 실험적 연구. 대한토목학회 논문집, 18권, I-4호, pp.447~455.
8. 김지상 · 정상화 · 김주형 · 이광명 · 배수호 (2006), 염해를 받는 콘크리트 구조물의 확률론적 내구성 해석. 콘크리트학회 논문집, 18권, 제2호, pp.239~248.
9. 문한영 · 김홍삼 · 이승태 (2002), 해수 침식을 받은 콘크리트의 성능 저하 원인 규명. 대한토목학회 논문집, 제22권, 1A호, pp.171~179.
10. 박상준 · 김영진 · 임현칠 · 장현갑 (2005), 부산-거제간 연결도로 사업에 적용한 100년 수명 고내구성 콘크리트. 콘크리트학회지, 제17권, 제6호, pp.62~71.
11. 배수호 · 이광명 · 김지상 · 김영상 (2007), 부식촉진시험에 의한 콘크리트 중 철근의 부식 임계 염화물량 평가. 대한토목학회 논문집, 제27권, 제5A호, pp.771~776.
12. 배수호 · 김지상 · 이광명 · 신경준 (2008), 콘크리트 교량의 염해 내구성 설계, KBRC TRS 023, 교량설계핵심기술연구단.
13. 배수호 · 이광명 · 김지상 · 정상화 (2006), 콘크리트의 염소 이온 확산 특성에 미치는 물-시멘트비 및 양생조건의 영향, 대한토목학회 논문집, 제26권, 제4A호, pp.753~759.
14. 삼성건설JV, (2005), 인천 제 2연육교 사업 콘크리트 구조물의 내구 수명 평가 보고서.
15. 송하원 · 권성준 · 이석원 · 변근주 (2003), 고로슬래그 미분말 콘크리트의 염화물 침투 저항성에 관

한 연구. 한국콘크리트학회 논문집, 제15권, 3호, pp.400~408.

16. 송하원 · 백승우 · 이선호 · 권진수 · 이현정 (2007), 시간의 존성을 고려한 해안가 철도 콘크리트 구조물에 대한 내구성 설계 기법의 개발. 한국철도학회 07 춘계학술대회 논문집, pp.1431~1438.
17. 송하원 · 백승우 · 안기용 (2007), 해안 환경 하에 있는 콘크리트 구조물의 시간 의존적 염화물 침투 평가. 콘크리트학회 논문집, pp.585~593.
18. 송하원 · 이창홍 · 이근주 · 안기용 (2009), 분극저항 측정기법을 이용한 혼합 시멘트 모르타르의 임계 염화물 농도에 대한 연구, 한국콘크리트학 논문집, 제21권 3호, pp.245~253.
19. 송하원 · 임동우 · 백승우 · 이창홍 (2008), 해양콘크리트 구조물의 신뢰성 기반한 내구성 평가, 한국콘크리트학회 봄 학술발표회 논문집, pp.497~500.
20. 신경준 · 김주형 · 이광명 · 김지상 · 배수호 (2007), 신뢰성 지수를 이용한 염해를 받는 콘크리트 구조물의 내구성 해석, 콘크리트학회 봄 학술발표 논문집, pp.689~672.
21. 오병환 · 장승엽 · 김기현 (1999), 콘크리트 내부염소 이온에 의한 철근의 부식 특성 및 임계 염소 이온농도의 결정 연구, 한국콘크리트학회 논문집, 제11권 3호, pp.193~202.
22. 유재강 (2005), 시멘트 종류 및 혼화재 치환에 따른 해양콘크리트의 내염성능 향상 효과. 레미콘, 제85호, pp.22~33.
23. 이성수 (2007), 국내 해상 콘크리트 교량의 내구성 설계 개선에 관한 연구, 석사학위논문, 연세대학교.
24. 이종석 · 김성욱 · 김방욱 · 안기홍 (2003), 비래염분 및 해사사용 콘크리트의 내구특성 장기조사 보고서, 한국건설기술연구원.
25. 이한승 · 박원준 · 김장욱 · 이성민 · 경제운 (2008), 염해를 받는 RC구조물의 내구 수명 평가에 관한 확률론적 연구, 대한건축학회 논문집, 제24권, 제 1호, pp.87~94.
26. 일본건축학회 (1991), 고내구성 철근 콘크리트조 설계시공지침(안) · 동해설.
27. 일본콘크리트공학협회 (1991), 철근 콘크리트 구조물의 내구성 설계 방안.
28. 일본토목학회 (1995), 콘크리트구조물의 내구설계지침(안), 콘크리트 라이브러리 제82호.
29. 일본토목학회 (1999), 일본 콘크리트 표준시방서 내구성 조사형 시공편.
30. 일본콘크리트공학협회 (1991), 철근 콘크리트 구조물의 내구성 설계 방안.
31. 일본토목학회 (1999), 일본콘크리트 표준시방서 시공편
32. 정상균 · 장영 · 장현갑 (2005), 부산-거제간 연결도로 콘크리트 구조물의 내구성 설계, 콘크리트학회 가을 학술발표 논문집, pp.491~494.
33. 정상화 · 김주형 · 이광명 · 김지상 · 배수호 (2006), 수치해석에 의한 콘크리트 구조물의 확률론적인 내구성 해석, 한국콘크리트학회 봄 학술발표회 논문집, 제18권, 1호(통권 제34집), pp.181~184.
34. 정해문 · 안태송 · 이병덕 (2005), 국내 서남해안의 콘크리트 표면염화물량 산정에 관한 연구, 한국콘크리트학회 봄 학술발표회 논문집, pp.173~176.
35. 정현준 · 지광습 · 공정식 · 강진구 (2008), 베이지안 기법을 이용한 염해 콘크리트구조물의 내구성 예측, 한국콘크리트학회 눈문집, 제20권, 제1호, pp.77~88.

36. 한국콘크리트학회 (2001), 염해 및 탄산화에 관한 국내 실태 조사 보고서.
37. 한국콘크리트학회 (2007), 콘크리트 구조설계기준.
38. 한국콘크리트학회 (2009), 콘크리트 표준시방서 해설.
39. 한국콘크리트학회 (2004), 콘크리트 표준시방서 콘크리트 내구성편.
40. 한국콘크리트학회 (2002), 염해 및 탄산화에 관한 철근콘크리트 구조물의 설계/시공/유지관리지침 (안).
41. 한국콘크리트학회 (2001), 콘크리트 염해 및 탄산화로 인한 내구성 저하 방지대책 연구 (부록 II : 국내 콘크리트 염해·탄산화 성능 저하 실태 조사보고서). pp.52~56.
42. 한국콘크리트학회 (2006), 콘크리트 구조물의 염해 내구성에 관한 국제 심포지엄 논문집, KCI-C-06-00.
43. 한국콘크리트학회 (2004), 부산-거제간 연결도로 콘크리트 구조물의 내구성 설계 검토.
44. ACI 318 (2008), Building Code Requirements for Structural Concrete and Commentary.
45. ACI 201 (2006), Guide to Durable Concrete.
46. ACI 210 (1998), Erosion of Concrete in Hydraulic Structures.
47. ACI 357 (1997), Guide for the Design and Construction of Fixed Offshore Concrete Structures.
48. ACI 362 (1997), Guide for the Design of Durable Parking Structures.
49. Andrade, C. (1993), Calculation of Chloride Diffusion Coefficient in Concrete from Ionic Migration Measurement, Cement and Concrete Research, Vol 23. No. 3, pp.724~742.
50. ASTM C 876 (1991), Standard Test Method for Half-Cell Potentials of Uncoated Reinforcing Steel in Concrete, American Society for Testing and Materials, pp.616~621.
51. ASTM C 1152 (1990), Standard Test Method for Acid-Soluble Chloride in Mortar and Concrete, American Society for Testing and Materials, pp.609~610.
52. ASTM D 1141 (1990), Specification for Substitute Ocean Water, American Society for Testing and Materials, pp.439~440.
53. ASTM D 1218 (1999), Standard Test Method for Water-soluble Chloride in Mortar and Concrete.
54. Alonso. C., Andrade. C., Castellote. M., and Castro. P. (2000) Chloride Threshold Values to Depassivate Reinforcing Bars Embedded in a Standardized OPC Mortar, Cement and Concrete Research, Vol. 30, No. 7, pp.1047~1055.
55. Andrade, C. and Page, C. L. (1986) Pore solution chemistry and corrosion in hydrated cement systems containing chloride salts. A study of cation specific effects, Cement Concrete Research, 21, pp.49~53.
56. Bamforth, P. B. (1998), Spreadsheet Model for Reinforcement Corrosion in Structures Exposed to Chlorides. in Concrete under Severe Conditions 2: Environment and Loading, O. Gjørv, K. Sakai and N. Banthia (eds), E & FN SPON, London, 1, pp.64~75.
57. Bamforth, P. B. (1999), The derivation of input data for modelling chloride ingress from eight-year

U. K. coastal exposure trials, Magazine of Concrete Research, Vol. 51, No. 2, pp.87~96.

58. Bentz, E. C. (2003), Probabilistic Modeling of Service Life for Structures Subjected to Chlorides. ACI Material Journal, Vol. 103, pp.391~397.

59. Bentz, E. C. and Thomas, M. D. A. (2001), Manual of Life-365, Computer Program for Predicting the Service Life and Life-Cycle Costs of Reinforced Concrete Exposed to Chlorides.

60. BS 7543, Guide to durability of buildings and building elements, products and components.

61. Bamforth, P. B. (1999), The derivation of input data for modelling chloride ingress from eight-year U.K. coastal exposure trials, Magazine of Concrete Research, Vol. 51, No. 2, pp.87~96.

62. CEB, Bulletin 238 (1997), New Approach to Durability Design, An Example for Carbonation Induced Corrosion.

63. CEB-FIP (1993), Model Code 1990.

64. Clifton, J. R. and Knab, L. I. (1989), Service life of concrete. NISTIR 89-4086, National Bureau of Standards, U. S. Department of Commerce.

65. Costa, A. and Appelon, J. (1999a), Chloride penetration into concrete in marine environment - Part I : Main parameters affecting chloride penetration, Materials and Structures, Vol. 32, May, pp.252 ~259.

66. Costa, A. and Appelon, J. (1999b), Chloride penetration into concrete in marine environment - Part II : Prediction of long term chloride penetration, Materials and Structures, Vol. 32, June, pp.354~359.

67. Cramer, S. D., Covino Jr, B. S., Bullard, S. J., Holecomb, G. R., Russell, J. H., Nelson F. J., Layer, H. M., and Soltesz S. M. (2002), Corrosion Prevention and Remediation Strategies for Reinforced Concrete Coastal Bridge. Cement and Concrete Composite, Vol. 24, pp.102~117.

68. Crank, J. (1975), The Mathematics of Diffusion. London: Arrowsmith: 11-24, 104.

69. Dhir, R. K., Jones, M. R., Ahmed, H. E. H. and Seneviratne, A. M. G. (1990), Rapid Estimation of Chloride Diffusion Coefficient in Concrete, Magazine of Concrete Research, Vol. 42, No. 152, pp.177~185.

70. DuraCrete-Final Technical Report (2000), Probabilistic Performance Based Durability Design of Concrete Structures, Document BE95-1347/R17, European Brite-Euram Ⅲ, Published by CUR, May, The Netherlands.

71. Dunaszegi, L. (1998), High-Performance Concrete in the Confederation Bridge, ACI Concrete International. Vol. 20.

72. Edvardsen, C. and Mohr, L. (2000), Designing and Rehabilitating Concrete Structures - Probabilistic Approach. SP 192-72.

73. Edvardsen, C., Kim, Y. J., Park, S. J. Jeong, S. K., and Im, H. C. (2006), Busan-Geoje Fixed Link Concrete Durability Design for Bridges and Tunnels, Proceedings of the ITA-AITES 2006 World

Tunnel Congress and 32nd ITA General Assembly.

74. Euro code 2 (2004) : Design of Concrete Structures.

75. Ferreira, M., Jalali, S. and GjΦrv, O. E. (2004), Software for Probability-Based Durability Analysis of Concrete Structures. Concrete under Severe Conditions, 2 CONSEC'04, Seoul, Korea.

76. Ferreira, M., Åskorg, V., Jalali, S. and GjΦrv, O. E. (2004), Probability-Based Durability Analysis of Concrete Harbor Structures. Concrete under Severe Conditions, CONSEC'04, Seoul, Korea.

77. Funahashi, M. (1990), Predicting Corrosion-free Service Life of a Concrete Structure in a Chloride Environment, ACI Materials Journal, Vol. 87, No. 6, pp.581~587.

78. Gehlen, C. and Schiessl, P. (1999), Probability-based Durability Design for the Western Scheldt Tunnel. Structural Concrete 2: 1-7.

79. Gõni, S. and Andrade, C. (1990), Synthetic concrete pore solution chemistry and rebar corrosion rate in the presence of chlorides, Cement Concrete Research, 20, pp.525~539.

80. Gouda, V. K. (1970), Corrosion and corrosion inhibition of reinforcing steel, I. Immersed in alkaline solutions. Br Corrosion J., 5, pp.198~203.

81. Gouda, V. K. and Halaka, W. Y. (1970), Corrosion and corrosion inhibition of reinforced steel. II. Embedded in concrete. British Corrosion Journal, 5, Sep. pp.204~208.

82. Hansson, C. M., and Sorensen, B. (1988), The Threshold Concentration of Chloride in Concrete for Initiation of Reinforcement Corrosion, Corrosion Rates of Steel in Concrete, STP 1065, N. Burke, V. Whiting, and D. Whiting, eds., ASTM International, West Conshohocken, Pa., pp.3~16.

83. Hope, B., and Ip, A. K. C. (1987), Chloride Corrosion Threshold in Concrete, ACI Materials Journal, V. 84, No. 4, July-Aug., pp.306~314.

84. Hussain, S. E., Al-Gahtani, A. S. and Rasheeduzzafar (1996), Chloride Threshold for Corrosion of Reinforcement in Concrete, ACI Materials Journal, Vol. 94, No. 6, pp.534~538.

85. Hussain, S. E., Rasheeduzzafar, S. E., Al-Musallam, A. and Al-Gahtani, A. S. (1995), Factors affecting threshold chloride for reinforcement corro-sion in concrete, Cement and Concrete Research, 25, pp.1543~1555.

86. Haussmann, D.A. (1967), Steel corrosion in concrete. How does it occur?, Journal of Material Protextion, pp.19~23.

87. Inoue, Y. et al, (2005), Durability Design and Construction for Off-Shore Bridge aimed at Design Service Life of 100 years, Concrete Journal, Vol.43, No.6, pp.36~43, Japan Concrete Institute.

88. ISO 9225 (1992), Corrosion of Metals and Alloys - Corrosivity of Atmospheres - Measurement of Pollution.

89. JIS Z 2381 (2001), General Requirements for Atmospheric Exposure Test, Japanese Standards Association.

90. JIS Z 2382 (1998), Determination of Pollution for Evaluation of Corrosivity of Atmospheres,

Japanese Standards Association.

91. Kropp, J. and Hilsdorf, H. K. (1995), Performance Criteria for Concrete Durability. Report of RILEM Technical Committee TC 116-PCD, pp.142~143.

92. Kayyali, O. A. and Haque, M. N. (1995), The ratio of Cl-/OH-in chloride contaminated concrete. A most important criterion, Magazine of Con-crete Research, 47, pp.235~242.

93. Lambert, P., Page, C. L. and Vassie, P. R. W. (1991), Investigation of rein-forcement corrosion. 2. Electrochemical monitoring of steel in chloride contaminated concrete, Materials and Structures, 24, pp.351~358.

94. Langley, W. S. (1999), Concrete Mix Proportioning to Meet Durability Concerns for Confederation Bridge, ACI SP 186.

95. Langley, W. S. and Tromposch, E. (1998), Some Durability Considerations in the Design of the Confederation Bridge, ACI SP 179.

96. Mangat, P. S. and Molloy, B. T. (1995), Chloride Binding in Concrete Containing PFA, GBS or Silica Fume under Sea Water Exposure. Magazine of Concrete Research, Vol. 47, No. 171, pp.129~141.

97. McGrath, P.F. and Hooton, R.D. (1996), Influence of Voltage on Chloride Diffusion Coefficients from Chloride Migration Tests, Cement and Concrete Research, Vol. 26, No. 8, pp.1239~1244.

98. Mehta, P. K. and Monteiro, P. J. M. (2006), CONCRETE. Second edition, pp.160~171.

99. NT Build 492 (1999) : Concrete, Mortar and Cement-Based Repair Materials - Chloride Migration Coefficient from Non-Steady-State Migration Experiments. NORDTEST, 1999.

100. Petterson, K. (1992), Corrosion Threshold Value and Corrosion Rate in Reinforced Concrete, CBI Report 2:92, Stockholm, Sweden.

101. Petterson, K. (1996), Factors influencing chloride induced corrosion of reinforcement in concrete, In: Durability of Building Materials and Components, C. Sjostrom (Ed.), 1, Chapman & Hall, London, pp.334~341.

102. Pettersson, K. (1994), Chloride threshold value and the corrosion rate in reinforced concrete, In: Proc. Steel in Concrete, R.N. Swamy (ed.), Academic Press, Sheffield, p.461.

103. Pourbaix, M. (1974), Atlas of Electrochemical Equilibria in Aqueous Solutions, 2nd English ed., NACE International, Houston.

104. Rackwitz, R. and Fiessler, B. (1978), Structural reliability under combined random load sequences, Computers and Structures, Vol.9, No.5, pp.489~494.

105. RILEM (1996), Durability Design of Concrete structures. Report of RILEM Technical Committee 130-CSL.

106. Schiessl, P. and Breit, W. (1996), Local repair measures at concrete structures damaged by reinforcement corrosion, In: Proc. 4th International Symposium on Corrosion of Reinforcement in

Concrete Construction, SCI, Cambridge, pp.525~234.

107. Schiessl, P. (2005), New Approach to Service Life Design of Concrete Structure, Asian Journal of Civil Engineering, Vol.6, No.5, pp.393~407.

108. Seatta, A., Scotta, R. and Vitaliani, R. (1993), Analysis of Chloride Diffusion into Partially Saturated Concrete, ACI Materials Journal, Vol. 90, No. 5, pp.441~451.

109. Sengul. O, and Gjørv, O. E. (2006), Effect of Blast Furnace Slag on Chloride Penetration into Concrete Bridge, Bridge Maintenance, Safety, Management, Life-Cycle Performance and Cost, Cruz, Frangopol & Neves, International Association for Bridge Maintenance and Safety, Portugal, pp.953~954.

110. Sun, Y.-M., Chang, T.-P., and Liang, M.-T. (2010), Service Life Prediction for Concrete Structures by Time-Depth Dependent Chloride Diffusion Coefficient. Journal of Materials in Civil Engineering, ASCE.

111. Takewaka, K. and Matstumoto, S. (1988), Quality and Cover Thickness of Concrete Based on the Estimation of Chloride Penetration in Marine Environments. ACI SP 109-17, American Concrete Institute, pp.381~400.

112. Tang, L. and Nilsson, L.-O. (1992a), Chloride Diffusivity in High Strength Concrete at Different Ages, Nordic Concrete Research, Publication, vol. 11, pp.162~171.

113. Tang, L. and Nilsson, L.-O. (1992b), Rapid Determination of the Chloride Diffusivity in Concrete by Applying an Electrical Field, ACI Materials Journal, Vol. 89, No. 1, pp.49~53.

114. Thomas, M. (1996), Chloride Thresholds in Marine Concrete, Cement and Concrete Research, Vol. 26, No. 4, pp.513~519.

115. Thomas, M. D. A. and Bentz, E. C. (2000), Life-365 Manual, released with program by Master Builders at www.Masterbuilders.com, p.55.

116. Thomas M. D. A., Mathews J. D. and Haynes C. A. (1990), Chloride diffusion and reinforcement corrosion in marine exposed concretes containing PFA, Corrosion of Reinforcement in Concrete, Elsevier, Warwick-shire, UK, pp.198~212.

117. Trejo, D. and Pillai, R. G. (2003), Accelerated Chloride Threshold Testing: Part I ASTM A 615 and A 706 Reinforcement, ACI Materials Journal, Vol. 100, No. 6, pp.519~527.

118. Tutti, K. (1982), Corrosion of Steel in Concrete, CBI, Research Report 4, Stockholm.

119. Wee, T. H., Wong, S. F., Swaddiwudhipong, S. and Lee, S. L. (1997), A Prediction Method for Long-term Chloride Concentration Profiles in Hardened Cement Matrix Materials, ACI Materials Journal, Vol. 94, No. 6, pp.564~576.

120. Zhang, T. and Gjørv, O. E. (1994), An Electrochemical Method for Accelerated Testing of Chloride Diffusivity in Concrete, Cement and Concrete Research, Vol. 24, No. 8, pp.1534~1548.

121. 官川豊章 (1994), 鹽害(その1, 原因と腐蝕機構), コンクリート工學, 日本コンクリート工學協會, Vol.

32, No. 6, pp.66~71.

122. 官川豊章 (1994), 鹽害(その2, 對策), コンクリート工學, 日本コンクリート工學協會, Vol. 32, No. 8, pp.73~80.

123. 富板 崇, 樫野 紀元, 高根 由充 (1988), 海塩粒子捕集量におよぼす氣象因子の影響, 日本建築學會構造系論文報告集, 第384號, pp.34~41.

124. 月永洋一, 壓谷征美 (1991), 國內の鹽分環境をみる, セメント・コンクリート, No. 532, pp.29~37.

125. 日本コンクリート工學協會 (1991), コンクリート構造物の腐蝕・防蝕に關する試驗方法ならびに規準(案).

126. 日本土木硏究所 (1988), 飛來鹽分量全國調査 (Ⅲ)-調査結果およびデ_タ集 ISSN 0386-5878 土木硏究所資料 第2369號.

127. 日本土木硏究所 (1993), 飛來鹽分量全國調査 (Ⅳ)-飛來鹽分量の分布特性と風の關係, ISSN 0386-5878 土木硏究所資料 第3175號.

128. 日本土木學會 (1995), コンクリート構造物の耐久設計指針(案), コンクリートライラリー第82號.

129. 日本土木學會 (2000), コンクリート標準示方書[施工編 - 耐久性照査型 改訂資料, コンクリートライブラリー第99號.

130. 日本コンクリート工學協會 (1998), コンクリート構造物の構造・耐久設計境界問題硏究委員會報告書.

부록 콘크리트 학회지 및 논문집 기사/논문 모음

※ 한국콘크리트학회 홈페이지(www.kci.or.kr) 원문검색에서 해당 기사 파일을 다운받으실 수 있습니다. 또는 Pjy@kci.or.kr로 부록파일을 요청하시면 이메일로 송부해 드립니다.

1. 2010.07 [특집]염해를 중심으로 한 콘크리트의 복합성능 저하 / Combined Deterioration of Concrete Durability with Respect to Salt-Attack.
2. 2010.05 보통 콘크리트와 인공경량골재 콘크리트의 염해 저항성에 관한 실험적 연구 / A Study on Chloride Attack Resistibility in Light Weight Aggregate Concrete and Normal Weight Aggregate Concrete.
3. 2009.11 염해를 입은 보수된 콘크리트의 확률론적 내구 수명 예측 / Probability based Service Life Modeling for Repaired Concrete Attacked by Chloride.
4. 2009.11 콘크리트 염해 모니터링을 위한 매립 센서 비교 / Comparison of Embedded Sensor for Monitoring of Chloride Attack in Concrete Members.
5. 2009.11 혼합 콘크리트의 염해 부식 저항성 및 균열치유 적용 / Chloride-Induced Corrosion Resistance of Blended Concrete and Its Application to Crack Healing.
6. 2009.11 염해부식에 손상된 노후 철근콘크리트 압축부재의 구조성능 평가 / Structural Performance Evaluation for the Compression Element of Reinforced Concrete Structure Damaged by Chloride Corrosion.
7. 2009.05 염해 저항성 평가 방법간 상관성 분석 및 수화자극제 효과 / The Correlation of Rapid Chloride Test and The Effect of Hydration Accelerating Admixture.
8. 2009.05 콘크리트 구조물의 염해부식에 따른 덮개콘크리트의 균열 예측 / Prediction of Cover Concrete Cracking due to Chloride Induced Corrosion in Concrete Structures.
9. 2008.12 [해외번역기사] 우르미아호의 콘크리트내구성/Concrete Durability In Urmia Lake.
10. 2008.06 삼성분계 혼합콘크리트의 염화물 침투 저항성 및 내구성에 대한 고찰 / Chloride Penetration Resistance of Ternary Blended Concrete and Discussion for Durability.
11. 2008.06 무기계 침투제를 적용한 콘크리트의 장기폭로실험을 통한 염해 내구성 평가 / Durability Evaluation of Inorganic-Impregnated Concrete Exposed to Long-Term Chloride Exposure Test.
12. 2008.02 베이지안 기법을 이용한 염해 콘크리트구조물의 내구성 예측 / Durability Prediction for Concrete Structures Exposed to Chloride Attack Using a Bayesian Approach.

13. 2007.08 교량 바닥판 콘크리트의 내구성 증진을 위한 실험적 연구 / An Experimental Study for Improving the Durability of Concrete Bridge Decks.
14. 2006.04 염해를 받는 콘크리트 구조물의 확률론적 내구성 해석 / Probability-Based Durability Analysis of Concrete Structures under Chloride Attack Environments.
15. 2006.04 팽창재와 수축저감제를 사용한 고성능 콘크리트의 내구성 평가 / Evaluation on Durability of High Performance Concrete with Expansive Additive and Shrinkage Reducing Admixture 2008.11 [해외번역기사우르미아호의 콘크리트 내구성.
16. 2006.07 콘크리트 구조물의 내구성능 설계의 도입배경 및 발전방향 / Background of Performance Based Durability Design of Concrete Structures and Future Direction.
17. 2006.07 고내구성 해양 콘크리트의 표면 마감성 개선 사례 / Field Application on the Surface Finishability Improvement of High Durability Concrete.
18. 2006.07 염해를 고려한 콘크리트 구조물의 내구성능 설계 / Performance Based Durability Design of Concrete Structures for Chloride Attack.
19. 2005.11 [기술기사] 부산-거제간 연결도로 사업에 적용한 100년 수명 고내구성 콘크리트 / [Technology Articles]High Durability Concrete for Service Life of 100 Years Applied in GK Project.
20. 2004.03 [특집] 염해에 대한 콘크리트 교량의 내구성 향상 기술 / [Special Articles] Improved Technologies of Durability of Concrete Bridge for Chloride Attack.
21. 2004.11 [특집] 해양 콘크리트 구조물의 재료 및 시공 / [Special Articles]Materials and Construction of Off-Shore Concrete Structures.
22. 2002.03 [문헌조사] 염해환경 하에서의 콘크리트 내구성 증진에 대한 고찰.
23. 2001.01 [특집] 국내 콘크리트 구조물의 내구성 설계-내염해 설계 방법 및 방식 대책 / Durability Design and Countermeasures against Chloride-Induced Corrosion of Concrete Structures.
24. 1992.02 염해와 그 대책 / Salt Attack Concrete and Preventive Measures.

KCI 203 – 특수환경콘크리트위원회 2010. 12 현재

위원장	장봉석	K-water, K-water연구원 책임연구원
간 사	김규용	충남대학교 건축공학과 교수
위 원	경제운	건설교통기술평가원 건설1실 선임연구원
	고경택	한국건설기술연구원 책임연구원
	길배수	트라이포드 대표
	김기준	한국해양대학교 기관시스템공학부
	김홍삼	한국도로공사 도로교통연구원 책임연구원
	박동천	한국해양대학교 해양공간 건축학부 교수
	박상순	상명대학교 건설시스템공학과 교수
	박상준	대우건설 기술연구소 선임연구원
	배수호	안동대학교 토목공학과 교수
	양은익	강릉대학교 토목공학과 교수
	유정훈	(주)삼표 기술연구소
	유제준	특허청 기계금속건설심사국 심사관
	윤인석	인덕대학 건설정보과 교수
	이광명	성균관대학교 토목환경공학과 교수
	이병덕	한국도로공사 도로교통연구원 책임연구원
	이한승	한양대학교 건축학부 교수
	장승엽	한국철도기술연구원 선임연구원
	정진아	한국해양대학교 운항훈련원
	정해문	한국도로공사 도로교통연구원 수석연구원
	최 욱	한국시설안전기술공단 구조재료팀장
	태성호	한양대학교 건축학부 교수
	하재담	쌍용양회공업(주) 기술연구소 수석연구원
	한상훈	한국해양연구원 선임연구원

콘크리트 실무 매뉴얼

해양 콘크리트의 염해 내구성 및 설계

2010년 12월 25일 1판 1쇄 인쇄
2010년 12월 30일 1판 1쇄 발행

저 자 사단법인 한국콘크리트학회
서울특별시 강남구 역삼동 635-4
한국과학기술회관 신관 1009호
TEL. 568-5985~7
FAX. 568-1918
http : // www.kci.or.kr

발 행 인 김 진 근

발 행 처 사단법인 한국콘크리트학회

보 급 처 기 문 당
서울시 성동구 무학봉 28길 4-1
(왕십리동 966-22)
TEL. 2295-6171(代)~5
FAX. 2296-8188

출판등록 1976. 10. 7 (1-44)

홈페이지 http : // 기문당
http : // www.kimoondang.com

I S B N 978-89-6225-339-9 93540

정 가 12,000원